FANGZHEN JIANZAI KEPU JIAOYU NENGLI

防震减灾科普教育能力提升读本

TISHENG DUBEN

◎张　英　主编

地震出版社

图书在版编目（CIP）数据

防震减灾科普教育能力提升读本 / 张英主编 . —北京 ：
地震出版社，2017.5

ISBN 978-7-5028-4791-3

Ⅰ. ①防…　Ⅱ. ①张…　Ⅲ. ①防震减灾—普及读物
Ⅳ. ① P315.94-49

中国版本图书馆 CIP 数据核字（2017）第 043952 号

地震版　XM3924

防震减灾科普教育能力提升读本

张　英　主编
责任编辑：赵月华
责任校对：孔景宽

出版发行：地　震　出　版　社
北京市海淀区民族大学南路 9 号　　邮编：100081
发行部：68423031　68467993　　传真：88421706
门市部：68467991　　传真：68467991
总编室：68462709　68423029　　传真：68455221
http: //www.dzpress.com.cn
经销：全国各地新华书店
印刷：北京鑫丰华彩印有限公司

版（印）次：2017 年 5 月第一版　2017 年 5 月第一次印刷
开本：787 × 1092　1/16
字数：150 千字
印张：9.75
书号：ISBN 978-7-5028-4791-3/P（5490）
定价：32.00 元

《防震减灾科普教育能力提升读本》
编 委 会

编者的话

中共中央总书记、国家主席、中央军委主席习近平在唐山抗震救灾和新唐山建设40年之际，来到河北省唐山市，就实施“十三五”规划、促进经济社会发展、加强防灾减灾救灾能力建设进行调研考察。他强调，同自然灾害抗争是人类生存发展的永恒课题。要更加自觉地处理好人和自然的关系，正确处理防灾减灾救灾和经济社会发展的关系，不断从抵御各种自然灾害的实践中总结经验，落实责任、完善体系、整合资源、统筹力量，提高全民防灾抗灾意识，全面提高国家综合防灾减灾救灾能力。

习近平指出，我国是世界上自然灾害最为严重的国家之一，灾害种类多，分布地域广，发生频率高，造成损失重，这是一个基本国情。新中国成立以来特别是改革开放以来，我们不断探索，确立了以防为主、防抗救相结合的工作方针，国家综合防灾减灾救灾能力得到全面提升。要总结经验，进一步增强忧患意识、责任意识，坚持以防为主、防抗救相结合，坚持常态减灾和非常态救灾相统一，努力实现从注重灾后救助向注重灾前预防转变，从应对单一灾种向综合减灾转变，从减少灾害损失向减轻灾害风险转变，全面提升全社会抵御自然灾害的综合防范能力。

防震减灾事关人民生命财产安全和经济社会发展全局，防震减灾科普宣传工作意义重大，我们要不断加大防震减灾宣传教育力度。通过开展多种形式的宣讲活动，拓展防震减灾宣传教育渠道，探索构建宣传教育的长效机制，不断提高防震减灾宣传教育能力。

目前，我们急需开展多种形式的教育培训活动，建立一支综合素质高、业务精良的防震减灾宣传教育队伍。当前，北京市地震局大力推进防震减灾科普能力建设的具体措施有：

其一，健全防震减灾科普宣传工作体系。通过成立科普讲师团、开展科普大讲堂等活动，健全防震减灾科普宣传工作体系。“首都防震减灾科普大讲堂活动”以提高公众防震减灾科学素养为宗旨，以锻炼专业技术人才队伍、提高地震系统的社会影响力为根本任务。讲师团成员应深入社区、学校等人员密集场所，向市民宣传防震减灾知识，提高市民的防震减灾意识及技能。

其二，大力开展志愿者、师资培训。建立宣传教育长效机制，通过开展系列现场培训活动，提升科普宣讲师资、志愿者的业务能力水平。同时，充分利用微博、微信等新媒体，开展网络培训。

其三，开发设计防震减灾科普资源库。通过开发设计、制作在线教育平台、标准课件与教学视频、展示教具包等形式，完善科普资源库。

其四，加强防震减灾科普研究工作。制作符合时代特点、群众喜闻乐见的科普作品，提高科普宣讲能力。调研公众防震减灾科普需求、防灾素养水平，探索科普宣讲内容模块。

总之，防震减灾科普宣传工作意义重大，一方面可以提高公众的防灾素养，为安全安心社会建设贡献力量，另一方面，可以唤醒公众对防震减灾工作的关注与支持。鉴于此，"宣教工作需要做什么？能做什么？该如何开展宣教工作？"等问题都值得我们思考。希望您能从本书中获取一些灵感或者具体操作方法。囿于编者水平有限，书中错误在所难免，敬请批评指正。

2016年7月28日

目　录

第一篇 防震减灾科普教育基础知识

简述我国防震减灾工作体系

罗华春

新中国成立后，我国地震事业取得了长足发展。20 世纪 50 年代至 60 年代中期是我国地震事业的起步阶段，建设了我国最早的全国地震台网和地磁台网，编制了中国第一代地震烈度区划图；1966 年邢台地震后，开展了大规模的地震监测预报和研究工作；1976 年唐山地震后，转入了总结经验、清理攻关的阶段，对 10 多种观测手段和各种工作方法进行了清理和评价；1988 年澜沧—耿马地震后，加强了地震应急的探索，形成了“四个环节”(地震监测预报、震灾预防、地震应急、紧急救援和重建) 综合防御的局面。

2000 年，在全国防震减灾工作会议上，首次提出了我国防震减灾工作的“三大体系”。防震减灾工作“三大体系”是指地震监测预报体系、地震灾害预防体系、地震紧急救援体系。

1. 地震监测预报体系

地震监测预报体系以地震预报为主要目标，也是整个防震减灾工作的基础和首要环节，是防震减灾事业的根本和发展基石，也是震灾防御、应急救援和地震科学研究的前提条件。经过多年努力，我国初步建成了地下、地面、空中立体化的地震和地壳运动的观测网络；形成具有中国特色的地震预报科学体系，提出了多个地震孕育的理论、模型及地震预报的方法，并取得了一些具有减灾实效的预报成果。

地震监测预报体系包括地震监测和速报、地震前兆信息捕捉、群众性地震动物宏观网络、地震预测预报、重点地区防震减灾等系统。

地震监测系统是地震预报的基础和前提。地震监测是对地震发生及与地震发生有关的现象进行监视与观测，地震学家通过各种仪器对地球存在的地磁场、地电场、重力场、温度场、形变场及水的化学成分含量等进行检测，然后依据这些检测所获取的信息，判断地球内部某个地方是否存在能量积累，是否出现应力加剧，是否有发生强震的危险。

地震监测系统包括对地震信息和与地震孕育、发生有关的地球物理场、地球化学场、地壳形变场等地震及其前兆信息进行监视与观测的测震台网、地震前兆观测台网、大面积流动观测网及群众性测报网组成的地震信息检测系统，与之配套的还有全国主干通信网、区域通信网、地震速报网组成的地震信息传递系统和以计算机网络为主体的地震信息存储和处理系统。

经历了几代地震工作者数十年的艰苦努力，我国的地震监测系统从无到有，从单一到多样，从简单到复杂，从粗放到精密，从单点到台网，逐渐形成了地震观测系统、地壳形变（重力）观测系统、地下流体观测系统、地磁观测系统、地电观测系统以及为上述各类观测系统服务的地震信息通信系统。

测震台网以检测地震波、测定每一次地震的基本参数为基本任务，获取每一次地震的运动学与震源力学参数，目的是为了了解地震的时空变化，以及由地震波反映的震源区的应力状态及传播途径上介质性质的变化。同时也可为地壳结构与地球内部构造、大地电磁场、重力场、大地形变、地下流体、地热与地球化学等地球科学研究提供基础资料。

地震前兆台网是为了地震预测目的，对地球各种地壳形变场、物理场和化学场进行观测的台站网。前兆台网与地震台网共同构成了地震监测预报工作的两大基础性台网。

地壳形变测量是为了研究地壳运动，以监视地震活动，包括垂直形变测量、水平形变测量、跨断层测量、定点形变测量。地壳形变测量可分为固定观测和流动观测两大类，固定观测通常为固定的地震台，用于长期监测某一特定地区的地震活动情况；流动观测则为了地震学和地震预报研究的需要，或在某处发生强震后，为监视震区及邻区的余震活动情况临时架设的地震台，一旦已取得一批有用的记录或余震活动已趋于平静，流动观测则可以搬迁或撤离。

地下流体观测包括水位、水温、水氡、水汞等水化含量观测。地震电磁观测以观测地电阻率、地电场与电磁波为主。地磁场、地电场观测天然地球物理场，记录与地球磁层和电离层中的地球物理过程和物理性质相关联的电磁现象；地电阻率观测是研究地壳介质电学性质时空变化。

地震预报是对未来破坏性地震发生的时间、地点和震级及地震影响的预测，是根据地震地质、地震活动性、地震前兆异常和环境因素等多种手段的研究与前兆信息监测所进行的科学减灾工作。

为了不同的用途和目的，我国地震预报分为四种，即地震长期预报、地震中期预报、地震短期预报、临震预报。地震长期预报，是指对未来 10 年内可能发生破坏性地震的地域的预报；地震中期预报，是指对未来一两年内可能发生破坏性地震的地域和强度的预报；地震短期预报，是指对 3 个月内将要发生地震的时间、地点、震级的预报；临震预报，是指对 10 日内将要发生地震的时间、地点、震级的预报。

地震重点监视防御区是依据地震预测预报结果，确定未来十年尺度内，存在发生破坏性地震危险或者受破坏性地震影响，可能造成严重地震灾害损失的城市和地区。划定地震重点监视防御区，是为了预防和减轻地震灾害，县级以上人民政府负责管理地震工作的部门或机构应当加强地震监测工作，制定短期与临震预报方案，建立震情跟踪会商制度，提高地震监测预报能力。

2. 地震灾害预防体系

地震灾害预防体系是指地震发生之前所做的各种防御性工作的总称，包括建设工程的抗震设防、地震灾害预测和评估、地下隐伏活断层探测和危险性评价、建筑抗震加固、农居地震安全等。

地震灾害预防工作包括工程性防御措施和非工程性防御措施。工程性防御措施主要是加强各类工程的抗震能力，实现减少地震给人民生命和财产造成的损失；非工程性防御措施是指各级人民政府以及有关社会组织和个人采取的工程性防御措施以外的依法减灾活动。工程性防御措施和非工程性防御措施二者相辅相成，缺一不可。

采取工程性防御措施，目的是提高各类工程的抗震能力，最有效的途径就是依据抗震设防要求进行抗震设防工作，对新建工程和设施进行科学选址、抗震设计和施工，对已有建筑物、构筑物进行抗震加固。

抗震设防要求是指在综合考虑建设工程场地的地震环境、建设工程的重要程度、允许的风险水平及国家经济承受能力和要达到的安全目标等因素，经国家或授权的地方地震管理部门制定或审定的新建、扩建、改建建设工程必须达到的抗御地震破坏的准则和技术指标。

依据《中华人民共和国防震减灾法》第三十五条规定，新建、扩建、改建建设工程，应当达到抗震设防要求；重大建设工程和可能发生严重次生灾害的建设工程，应当按照国务院有关规定进行地震安全性评价，并按照经审定的地震安全性评价报告所确定的抗震设防要求进行抗震设防。建设工程的地震安全性评价单位应当按照国家有关标准进行地震安全性评价，并对地震安全性评价报告的质量负责。一般建设工程应当按照地震烈度区划图或地震动参数区划图所确定的抗震设防要求进行抗震设防；对学校、医院等人员密集场所的建设工程，应当按照高于当地房屋建筑的抗震设防要求进行设计和施工，采取有效措施，增强抗震设防能力。

我国法律法规对属于工程性防御措施的抗震设防有明确规定，要求建设工程抗震设防工作必须贯穿工程选址、设计、施工和竣工验收的全过程。与工程性防御措施有关的规定为以下四部：

《中华人民共和国防震减灾法》；

《地震安全性评价管理条例》；

GB 18306—2015《中国地震动参数区划图》；

GB 17741—2005《工程场地地震安全性评价》。

依据上述法律法规，建设工程抗震设防的基本制度的主要内容为：

①新建、扩建、改建建设工程应进行抗震设防，必须达到抗震设防要求。

②一般工业与民用建筑建设工程，必须按照国家颁布的地震烈度区划图或地震动参数区划图规定的抗震设防要求进行抗震设防。

③重大建设工程、可能发生严重次生灾害的建设工程、核电站和核设施建设工程必须进行地震安全性评价，并根据国务院地震行政主管部门审定的抗震设防要求进行抗震设防。

④建设工程必须按照抗震设防要求和抗震设计规范进行抗震设计，并按照抗震设计进行施工。

⑤已经建成的属于重大建设工程的，可能发生严重次生灾害的，有重大文物价值的，以及重点监视防御区的建筑物、构筑物，未采取抗震设防

措施的，应当按照国家有关规定进行抗震性能鉴定，并采取必要的抗震加固措施。

⑥学校、医院等人员密集场所的建设工程，应当按照高于当地房屋建筑的抗震设防要求进行设计和施工，采取有效措施，增强抗震设防能力。

非工程性防御措施包括建立健全国家的防震减灾工作体系，制定防震减灾规划和计划，开展防震减灾宣传、教育、培训、科研以及推进地震灾害保险、救灾资金和物资储备等工作。

《中华人民共和国防震减灾法》对非工程性防御措施也有明确要求，主要内容涉及以下几个方面：

①编制防震减灾规划。《中华人民共和国防震减灾法》规定，根据震情和震害预测结果，国务院地震行政主管部门和县级以上地方人民政府负责管理地震工作的部门或机构，应当会同同级有关部门编制防震减灾规划，报本级人民政府批准后实施。

②加强防震减灾宣传教育。《中华人民共和国防震减灾法》规定，各级人民政府应当组织有关部门开展防震减灾知识的宣传教育，增强公民的防震减灾意识，提高公民在地震灾害中自救、互救的能力；加强对有关专业人员的培训，提高抢险救灾的能力。

③做好抗震救灾资金和物资准备。《中华人民共和国防震减灾法》规定，地震重点防御区的县级以上人民政府应当根据实际需要和可能，在本级财政预算和物资储备中安排适当的抗震救灾资金和物资。

④建立地震灾害保险制度。《中华人民共和国防震减灾法》规定，国家鼓励单位和个人参加地震灾害保险。

3. 地震紧急救援体系

地震紧急救援体系包括破坏性地震预案及相关预案的制定，生命线应急保障队伍的组建、完善及演练，地震应急救灾指挥中心的建设，地震应急指挥通信系统建设，地震应急专项资金、救济物资、药品等储备。

1995 年，国务院颁布了《破坏性地震应急条例》，为保障该条例的有效实施，国务院办公厅于 1996 年印发了《破坏性地震应急预案》，指导和推动国务院各有关部门以及县以上地方各级人民政府破坏性地震应急预案的制定。1997年，中华人民共和国主席令〔第94号〕公布了由全国人大常委会通过的《中华人民共和国防震减灾法》，进一步把地震应急和其他各项防震减灾工作纳入法制化管理轨道。

由此，全国各省、市、自治区先后出台了《防震减灾条例》和相应的规章制度。“横向到边，纵向到底”的地震应急预案体系基本形成。目前，全国各级各类地震应急预案达几万件，全国100%省级、98%市级、82%县级人民政府都编制修订了地震应急预案；各部门、企事业单位和基层也广泛制定了地震应急预案。应急预案在地震紧急救援和各项抗震救灾工作中发挥了非常大的作用。

2000年2月，国务院成立国务院抗震救灾指挥部，建立国务院防震减灾联席会议制度。平时由常设的联席会议领导和指挥调度防震减灾工作，当发生特别重大的地震灾害时，经国务院批准，自动转为国务院抗震救灾指挥部。目前，各省、自治区、直辖市及重点监视防御区县以上人民政府已建立相应的“平震结合”的地震应急领导与抗震救灾指挥部，各省地震部门都成立了应急救援管理部门。

我国已经建立了国家地震应急指挥技术系统，全国各地各有关部门、数字化地震台网通过互联网连接，全国大部分国土特别是大城市与重点防御区，建立了基于地理信息系统（GIS）的包括各类建（构）筑物、人口、交通、通信、电力、供水、天然气等各种生命线工程分布信息的基本数据库，为震后救援指挥提供决策参考和基础数据。

2001年，我国成立了国家地震灾害紧急救援队（中国国际救援队），按“一队多用、专兼结合、军民结合、平震结合”的原则组建，配备了搜索、营救、医疗、通信、动力、车辆、个人防护、后勤保障等8大类360余种23400余件（套）专用装备。国家地震灾害紧急救援队先后参加新疆伽师6.8级地震、阿尔及利亚北部6.9级地震、伊朗巴姆7.0级地震、青海雪崩、印度尼西亚苏门答腊西9.0级地震海啸、中爪哇6.4级地震、巴基斯坦7.8级地震、青海玉树地震、汶川地震、芦山地震、鲁甸地震等紧急救援活动。

目前，全国各省、市、自治区均建立了地震救援队，电力、通信、交通、卫生、矿山、水利和石化等部门的专业救援力量也不断强化地震救援能力，并且建立了各部门、各区域和军地间的地震应急联动机制。全国地震系统还建立了6大应急救援协作区域与联动机制。

2003年，北京元大都率先建成应急避难场地，成为我国第一个避难场所，填补了我国地震应急避难场所的空白。2004年7月，在元大都地震应急避难场所举行了地震应急工作模拟演练，推动了我国应急避难场所的建设。根据北京市地震局最新统计数据，截至2016年10月，全市总共建成各类应急避难场所117处，实现了16个区应急避难场所全覆盖。据2015年度防震减灾事业统计年报数据，截至2015年末，全国各地共建地震避难场所46747.1万平方米，可容纳14707万人，其中云南省、四川省超过3000处。

目前，全国已建有十余个国家级救灾物资储备仓库，建成覆盖31个省（市、区）、227个市（地）的应急商品数据库。

全国建成近百个国家级、几百个省级防震减灾科普教育基地和近2000所防震减灾科普示范学校，基本形成中小学校长、教师安全教育培训体系。

进入21新世纪以来，我国地震应急救援工作体系已经具备有效应对6级左右地震的应急救援能力，成功应对了近百次国内外破坏性地震，尤其是经受住了汶川和玉树两次大震的战斗洗礼和严峻考验，实施了积极有效的应急救援行动，在抗震救灾中发挥了重大作用。

第三届联合国世界减灾大会概览

顾林生

1. 减灾大会开幕，全球参与盛况

联合国世界减灾大会十年一届，2015 年 3 月 14—18 日在日本仙台召开第三届。14 日上午 11 时，大会开幕式在仙台市国际会议中心展览厅 1 号厅召开，来自 186 个国家和地区的 7000 多位代表出席了会议。我国政府代表团成员分别在主会场和各分会场参加了开幕式。联合国秘书长潘基文在开幕式上强调："防灾是实现可持续发展世界的重要基础，从政治家到普通公民拥有一定的防灾意识是非常重要的。虽然大规模的自然灾害给世界带来了巨大损失，但是，如果我们可以采取加强早期预警预报系统建设等减灾措施和对策，便可以挽救更多的生命和减少更多的经济损失。因此，在这个领域的长期投资是非常重要的选择。"在这次会议上达成的"后兵库行动纲领"（即"仙台框架"），在 2015 年 9 月召开的联合国千年发展目标的后续目标制定会议、联合国峰会和年底召开的《联合国气候变化框架公约》第 21 次缔约方会议上进一步落实。

联合国减灾战略署（UNISDR）代表、联合国秘书长减灾特别代表、四川大学－香港理工大学灾后重建与管理学院名誉教授玛格瑞塔 · 瓦尔斯特龙女士的总结提到，通过 UNISDR 工作人员 4 年的努力和各国政府、多方利益相关者、NGO 等的努力，使此次会议成为联合国减灾历史上最成功的一次会议。用数字可以证明，逾 6500 名代表参加了政府间组织和多方利益攸关者的官方会议和大型活动，有 40000 多名代表出席公共论坛。官方代表有 187 个国家、逾 25 位国家元首、副总统和政府首脑出席本次大会，100 名参会代表为部长级别，42 家政府间组织、236 家非政府组织、38 家联合国机构和 300 多家私营机构的代表出席以及国际新闻界 900 名特派记者代表参加了大会。150 家政府间组织和多方利益相关者的大型活动在公共论坛举行，并组织了 350 多次小型活动。

这次会议提倡绿色“纸智能”，2500多名参会代表使用了“电子会议箱”。3000多份电子文件被下载，以及3100多份文件通过电子邮件发送。据估计，有1000万页的文件没有被打印，相当于少砍伐了124棵树。许多代表骑自行车往来于各大会场。与会代表在会场对垃圾进行分类处理。许多参与者通过“碳抵消”的环保方式前往仙台参会。

这次会议是无障碍化的世界，200多名残疾人以代表、发言人、专家和撰稿人等身份积极参加了全程活动。正式会议计划和3/4的公共论坛活动都有涉及残障人士的议题。在主会场和各种会议上，提供手语翻译。许多会场里面可停放轮椅，以便于残障人士进出。会场文件除了普通可查阅版式外，无障碍合作伙伴KGS公司也为盲人参会者提供了显示盲文的机器。

2. 中国政府倡议加强国际减灾合作

我国政府代表团团长、民政部部长在14日下午举行的全体大会的官方陈述中指出，在过去10年中，中国根据《兵库行动框架》，在综合减灾领域取得了很大的成就。中国积极参与和推动国际减灾合作，提出了3项建议。第一，加强国际间灾害信息和减轻灾害风险经验的交流，互相提供各国的灾后重建与管理经验。第二，加强国家之间、地区之间应对重大自然灾害的应急救援协调联动功能，提高国际和地区之间的应急联动效率。第三，加强对全球和地区的自然灾害的重大技术、关键技术的研究，发挥科技支撑的重要作用。

会上还介绍了我国在灾后重建方面的做法，特别是汶川地震、玉树地震、芦山地震及鲁甸地震的灾后重建经验。第一，坚持科学重建，把生命、生活、生产的需要作为重建的基础。第二，坚持经济、社会发展与文化相结合。编制重建规划，坚持规划优先。第三，生活设施与生产设施的恢复重建同时开展。第四，灾民努力自建与全国支持相结合。

在整个大会期间，很多参会者对中国应对巨灾和汶川地震的灾后重建等经验和成就加以赞赏，希望中国在联合国新行动框架下能够发挥更大的作用。

3.“仙台框架”明确全球减灾与发展目标

根据2013年联合国大会有关国际减灾战略的决议（68/211）规定，本次减灾大会的主要目标是：完成对《兵库行动框架》实施情况的评估和审查；从区域和国家减灾战略、制度中汲取经验和建议，思考在实施《兵库行动框架》期间达成的相关区域协议；通过2015年后减灾框架；基于对实施2015年后减灾框架做出的承诺，确定合作方式；确定定期审查方式，审查2015年后减灾框架的实施情况。

经过5天的会议交流和长达37小时的连续磋商，3月19日凌晨零点30分，“仙台框架”正式通过，框架名称为“2015—2030年仙台减少灾害风险框架”。大会对过去十年的全球减灾给予高度的评价，指出：“2005年《兵库行动框架》通过以来，各国和其他利益攸关方都在地方、国家、区域和全球各级减少灾害风险方面取得进展，从而使部分灾害所致死亡率有所下降。”但是在新的框架中也强调，在近年期间，灾害不断造成严重损失，使个人、社区和整个国家的安全和福祉都受到影响。具体数据为70多万人丧生、140多万人受伤和大约2300万人无家可归。总之，有超过15亿人在各种方面受到灾害的影响。妇女、儿童和弱势群体受到更严重的影响。经济损失总额超过1.3万亿美元。此外，2008—2012年有1.44亿人灾后流离失所。气候变化也加剧了灾情，严重阻碍了可持续发展。有证据显示，各国民众和资产受灾风险的增长速度高于减少脆弱性的速度，从而产生了新的风险，灾害损失也不断增加，特别是对社区易产生重大经济、社会、卫生、文化和环境影响。频发小灾和缓发灾害尤其给社区、家庭和中小型企业造成影响，在全部损失中，这些灾害造成的损失占有很高的百分比；所有国家（特别是灾害死亡率和经济损失偏高的发展中国家）都在履行财政义务和其他义务方面遇到越来越高的潜在隐藏成本和困境。

为此，联合国提出，全球减灾的当务之急是，要预测、规划和减少灾害风险，以便更有效地保护个人、社区和国家及其生计、健康、文化遗产、社会经济资产和生态系统，从而增强其抗灾能力。

(1) 预期成果。

以《兵库行动框架》为基础，提出未来15年内取得预期成果是，大幅减少在生命、生计和卫生方面以及在人员、企业、社区和国家的经济、实物、社会、文化和环境资产方面的灾害风险和损失。

(2) 预期总目标。

为实现预期成果，新框架计划要实现以下预期总目标：防止产生新的灾害风险和减少现有的灾害风险，为此要采取综合和包容各方的经济、结构性、法律、社会、卫生、文化、环境、技术、政治和体制措施，防止和减少危害暴露程度和受灾脆弱性，加强救灾和恢复的待命准备，从而提高复原力。

(3) 七个全球具体目标。

与总目标相对应，再具体分设七个全球具体目标。

①到 2030 年，大幅降低全球灾害死亡率，2020—2030 年平均每十万人全球灾害死亡率低于 2005—2015 年。

②到 2030 年，大幅减少全球受灾人数，为实现这一具体目标，2020—2030 年平均每十万人受灾人数须低于 2005—2015 年平均受灾人数。

③到 2030 年，使灾害直接经济损失与全球国内总产值（国内生产总值）的比例有所减少。

④到 2030 年，通过增强重要基础设施和基本服务的复原力等办法，大幅减少重要基础设施包括卫生和教育设施的受灾损害程度。

⑤到 2030 年，已制定国家和地方减少灾害风险战略的国家数目大幅度增加。

⑥到 2030 年，加强国际合作，对执行本框架的发展中国家完成其国家行动提供有效和可持续支持。

⑦到 2030 年，大幅增加人民可获得和利用多危害预警系统以及灾害风险信息和评估结果的机会。

(4) 四大优先行动事项。

新框架要求全球在《兵库行动框架》和谋求实现预期成果和目标方面取得的经验的基础上，各国要在地方、国家、区域和各级各部门内部和部门之间采取重点突出的行动，其四个优先领域如下：了解灾害风险；加强灾害风险治理以管理灾害风险；致力于减少灾害风险，提高抗灾能力；加强备灾以做出有效反应，在恢复、善后和重建方面“再建设得更好”。

4. 推动多方参与全球减灾运动

“仙台框架”认为，虽然各国负有减少灾害风险的整体责任，但政府和利益相关方分担责任也是很重要的，尤其是非国家利益相关方可发挥重要作用。各国应确定利益相关方的具体作用和责任，同时鼓励所有公共和私营利益攸关方采取以下行动：

民间社会、志愿人员、有组织的志愿工作组织和社区组织要与公共机构合作，特别在制定和执行减少灾害风险规范性框架、标准和计划时提供专门知识和实用指导；参与实施地方、国家、区域和全球计划和战略；协助和支持提高公众意识，培养预防文化和开展减轻灾害风险教育；酌情倡导建立具有复原力的社区和开展具有包容性、全社会的灾害风险管理，加强各群组之间的协同增效。

学术界、科研机构等要着重研究中长期灾害风险因素和情况，包括新出现的灾害风险；加强对区域、国家和地方适用办法的研究；支持地方社区和地方当局采取行动，并支持建立政策和科学之间的决策接口。

企业、专业协会和私营部门的金融机构，要将灾害风险管理纳入商业模式与实践；针对雇员和顾客开展提高风险意识的活动和培训；发展灾难风险管理的技术分享和传播知识，实践并积极参与；适当地指导公众部门，发展适用于灾害风险管理的框架和技术标准。

媒体部门要在地方、国家、区域和全球各级发挥积极和包容作用，推动提高公众认识和理解，与国家当局密切合作，以简单、透明、容易理解和方便获取的方式传播准确和非敏感的灾害风险、危害和灾害信息，包括小规模灾害信息；采取具体减少灾害风险宣传政策；酌情支持建立预警系统和采取拯救生命的保护措施；促进预防文化和强有力的社区参与，根据国家惯例在各级持续开展公共教育运动和大众协商。

日本大城市防灾应急管理体系及其政府能力建设
——以东京的城市危机管理体系为例

顾林生

1. 东京的危机事态和危机管理的需求

东京既是一个人口特别密集和经济聚焦程度非常高的城市，同时也是世界上举足轻重的综合性现代化国际大都市。由于所处的地理位置，东京面临着台风、大城市直下型地震和海沟型大地震等自然灾害的危险。同时，1995 年 3 月的地铁沙林毒气事件以及美国“9·11”等恐怖事件也显示出东京也有受世界恐怖分子攻击的危险。21 世纪初发生的东京湾油轮触礁漏油事件、雪印乳业公司的牛奶中毒事件、千叶县肉类加工厂的疯牛病（BSE）以及 2003 年的 SARS 等突发事件，都曾经困惑着这个城市。

针对这些危机事态，市民对行政危机管理的要求越来越高，要求政府从一般的防灾减灾到生物化学（NBC）恐怖活动的应对，从面向一般市民的公共服务到针对老年人突发事件的应急等，采取措施和加大力度。都政府认识到，原来的以应对自然灾害为主的灾害对策体制以及按照原因分类进行部门管理的体制，因其局限性已不适应城市发展需求以及行政改革、公共服务多样化、改善现有防灾管理体系等方面的要求，需要进行更高层次的综合性的危机管理，在组织和业务上也需要进行统合。

2. 全政府型危机管理体制

东京都把城市的危机事态分为自然灾害和人为灾害，前者包括地震、火山爆发、风灾和水灾，后者包括生化恐怖事件、大规模的火灾和其他意外事故等。危机管理理念和原则概括为：重视市民的生命和财产，政府全体行动进行一体化管理，同时作为行政改革的一环为市民提供安心、安全、安定的生活社会环境，不断改进，进行循环型危机管理。2002 年，东京都提出了“建设面对多样的危机、迅速并且正确地应对的全都体制”的战略，首先改变了以过去防灾部门和健康主管部门等为主的部门管理方式，采取了整个政府行动的一元化管理体制。

2003 年 4 月，东京都建立了知事直管型危机管理体制。该体制主要设置局长级的危机管理总监，改组灾害对策部，成立综合防灾部，使之成为能够面对各种危机的全政府型体制。危机管理总监的主要职责是，发生紧急事件时直接辅助知事，强化协调各局的功能，向相关机构请求救援。这里特别强调的是，像恐怖事件等本来是自卫队和警察所管的事情，但是都政府在有效发挥这些机构应对危机的专业功能的同时，调动自卫队、警察、消防干部到都政府集中办公，有利于加强合作和综合管理。

原来的灾害对策本法和都地区防灾对策基本规划，主要负责对自然灾害，大规模的事故、火灾等应急，取代灾害对策本部而新成立的综合防灾部，增加了对生化恐怖事件的应急管理，直接辅助危机管理总监，在组织制度上强调了强化信息统管、提高危机和灾害应对能力和加强首都圈大范围的区域合作三项功能。

综合防灾部由信息统管部门和实际行动指令部门组成。信息统管部门主要负责信息收集，信息分析，战略判断。实际行动指令部门主要负责灾害发生时的指挥调整。这两个部门置于危机管理总监的管理下，像两个车轮一样，与有关各局进行协调，进行全政府型的危机管理，见图 1。

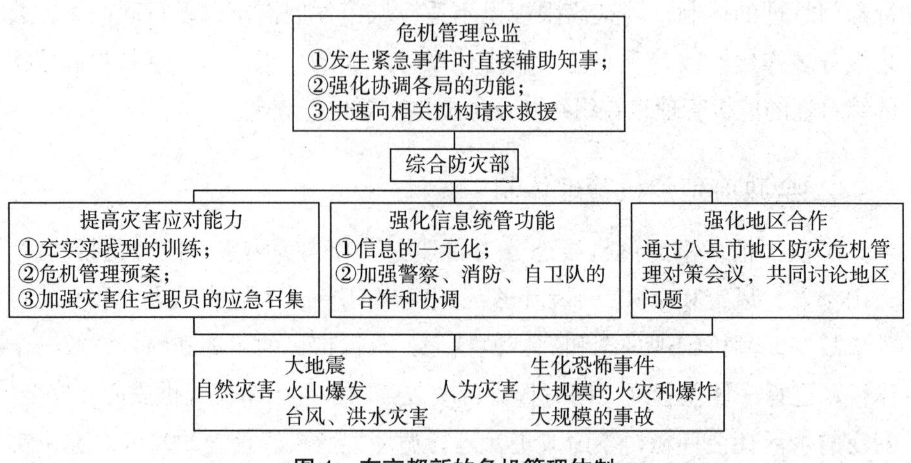

图 1　东京都新的危机管理体制

根据国家法律和地方条例等，东京都可以设立灾害对策本部、应急对策本部和地震灾害警戒本部。当东京都范围内发生大规模灾害或有发生灾害危险的情况下，根据国家的《灾害对策基本法》和《东京都灾害对策本部条例》以及实施规则，进行灾害对策活动，并实施紧急启动体制。

3. 应急管理规划和应急预案

东京都的危机管理规划体系基本上以原有的防灾规划为基础，有综合防灾规划、健康保健等专项部门规划以及各部门规划中的防灾、安全、应急的规划。都防灾规划在 1963 年制定，分为《震灾篇》和《火山与风灾水灾篇》。其中，《火山与风灾水灾篇》被不断补充和细化，现在有《风水灾害对策规划》《火山灾害对策规划》《大规模事故等对策规划》和《原子能灾害对策规划》。

截至 2003 年 5 月，《震灾篇》经过了 11 次修改。2003 年的修改重点主要有：作为促进区域合作，在临海地区建设“主干防灾基地”以及明确有效的使用方法；作为危机管理和强化首次应急出动的机制，新增了包括设置危机管理总监、强化信息的统管部门等在内的综合防灾部的改组内容。

2002 年，《火山与风灾水灾篇》的修改重点是：新增地下空间的进水对策和城市型水灾对策的内容；针对大规模事故，修改原油泄漏事故对策和增加生化恐怖事件对策；增加原子能灾害对策。

截至 2003 年 7 月，东京都各部门共制定了各类规划、手册、预案 53 个。为了预先准备好震后恢复对策，东京都在 1997 年制定了《城市恢复指南》和《生活恢复指南》。2003 年 3 月，为了更明确地显示都民在灾后应该采取的行动指南、选择和判断标准，把这两个指南合在一起，再分成两部分，一部分是面向市民的恢复程序篇，另一部分是面向行政职员的恢复措施篇。

4. 东京都信息管理与技术支撑系统

东京都防灾中心的作用是从地震、风水灾害中保护市民的生命和财产，维持城市的中枢设施，确保以都政府为核心的防灾机构之间的信息联络以及对灾害对策的审议、决定、指示。中心配有防灾行政无线通讯、数据通信系统和图像通信信息系统。中心的具体功能有：对灾害信息进行收集、传达和处理、分析；对灾害对策进行审议、决定和协调；向各防灾机构发出各种指示和请求。同时，在立川地区还建有一个备用的防灾中心。

根据《灾害对策基本法》《东京都震灾对策条例》《东京都防灾行政无线基本规划》，为了防止在灾害发生后有线通信被中断，东京都设有防灾行政无线。这套系统有国家主管的消防防灾无线和东京都防灾行政无线。消防防灾无线是总务省消防厅与都道府县之间以收集大地震等灾害的信息而建设的。为了吸取阪神大地震的教训，加强了都政府大楼及都派出机构在与灾害现场观察的车辆、携带式的无线手机之间进行信息收集和传递。为了能够通过图像了解灾害现场，都政府还配备了卫星中转车和多重移动无线车。

5. 防灾管理与社会参与

阪神大地震后，东京都加强了全社会的抗御灾害能力。在市民和单位中，树立“自己的生命自己保护”“自己的城市和市区自己保护”的防灾基本理念，同时，促进行政、企业、地区和社区（居民）以及志愿者团体携手合作，建立一个在灾害发生时相互帮助的社会体系。

东京都的企业或事业单位均通过企业本身防灾体系的建设、行会和协会的参与、作为公共或公益团体被指定为防灾机构、组织自卫消防队等方式参与防灾，并定期进行综合防灾训练。

6. 东京危机管理体系对北京的启示

东京与日本全国一样，积累了几十年的防灾减灾经验，无论在基础设施建设，还是政府危机管理机制和能力，甚至市民的意识，都发展到相当高的水平。从日本危机管理体系发展的阶段来看，它已经从单项灾种的防灾管理体系转向多项灾种的综合防灾管理体系，继而又从综合防灾管理体系转向国家危机管理体系。而与东京的危机管理机制相比，北京的危机机制还处于一个发展中阶段，主要是以单项防灾为主，无论是制度建设，还是机构建设，都需要进行跨越式的改革和发展。可以说东京有很多地方是值得我国大城市借鉴的。但是，从东京的发展历史、自然地理环境、人文环境来看，有很多地方是我们做不到的。建议北京市等我国大城市在构建大城市危机管理体系时，可以参考以下几点。

表 1　东京、纽约、新加坡城与北京的危机管理机制比较

各项机制	东京	纽约	新加坡城	北京
发展阶阶	单项防灾→综合防灾→危机管理，渐循型发展，均质型发展	单项防灾→综合防灾→危机管理，渐循型发展，均质型发展		以单项防灾为主→危机管理；跨越式发展，非均质型发展（原始的与最现代的都有）
法规	部门法规→基本条例和综合条例		以危机管理为中心的单项法律法规条例构成的法律体系	以单项灾种为主的部门条例
组织机构	注重协调的危机管理机构——综合防灾部，专业水平相当高的各个部门	专业部门分工明确，综合协调的核心指挥部门——紧急事态管理办公室	强调现有政府机构的协调、合作；综合性协调部门——全社会性紧急状况系统（国家紧急系统）、国家安全的战略性系统（安全与政策评审委员会）	以管理单项灾种为主的各个部门
管理模式	原因型管理→结果型管理，循环型危机管理	原因型管理→结果型管理	原因型管理→结果型管理	原因型管理
规划和计划	发展和防灾兼顾，以人为本；防灾规划与经济发展规划相结合	发展和防灾兼顾	发展和防灾兼顾	发展第一
参与主体	政府+社区（居民、企业等）；站在国民的角度，以民为本；自救→共救→公救	政府+公众+私人企业+志愿者+媒体；站在市民的角度；共救、公救	政府+社会团体+私人部门+志愿者+媒体；自救、共救、公救	政府主角，市民和企业参与少；站在政府的角度
信息沟通和披露	以政府为主的信息公开和透明——多元化和交叉型	公开、透明、及时、便民；多渠道、多层次、多方面	以政府为主的信息沟通与披露；公开、及时	条块分割，政府管制，部门和地区封锁
部分协调	跨部门协调及部门中内部协调	部门内外协调	部门内外综合协调	条块分割

续表

各项机制	东京	纽约	新加坡城	北京
责任追究评估	东京都有财产管理、评估政府绩效考核、行政改革			全政府负责型，责任不明
财政，金融	法定灾害救助基金；财政预算、金融和税收措施规范化；完善的社会保障制度		法定灾害救助基金；私人部门自身危机管理体系建立资金；政府、商界、工业界联合“经济防卫”；社会募捐	基金积累少；财政预算、金融和税收措施不规范，只有政策，没有兑现；社会保障制度不完善，特别是农村和弱势群体
技术支撑系统	信息联络系统+受害信息收集系统+宣传、信息披露和媒介应对系统	地理信息系统+OEM监控指挥室	紧急公共信息中心	缺乏整体联动的技术支撑系统，部门信息条块分割
区域合作	应急救援协作机制完善，区域合作应急能力强，整体联动性高；都圈八县市联合应急	地方、州、联邦整体联动	多位一本，全面防范	机制不健全，区域合作能动性弱

注：此表由刘霞博士根据顾林生“东京与北京的危机管理机制的比较表”整理，增加了纽约和新加坡城的有关内容。

第一，建立市长负责制的全政府型危机管理机制。日本东京通过建立知事直管型危机管理机制，设置局长级的危机管理总监，改组灾害对策部，成立综合防灾部，建立了一个面对各种危机的全政府机构统一应对的体制。这是一种在成熟的综合防灾减灾机制的基础上建立起来的新机制，也可以说是基础很扎实的危机管理机制，这也是一种成熟发展下的资源整合方式。

对于还处于以单项灾种和部门分割管理为中心的灾害管理和公共应急体制下的北京，目前只能在薄弱的基础条件下进行资源整合。北京是否实行跨越式的以市长负责制直接干预的危机管理机制，非常关键。这种机制主要是取决于对涉及城市危机管理的组织和行政业务以及信息的一体化管理和必要的改革。危机管理意味制度的改革和资源的重新整合。

第二，确保首都安全功能，建立首都圈的应急合作体系。东京都很重视首都功能安全保障后援体系的建设和首都圈区域应急合作，强调站在地方政府的角度与首都圈周围其他地方政府签订相互救援合作协定，进行区域应急合作，共同维持首都和区域的安全。

第三，构建城市危机管理的社会整体联动系统，重视社区抗御灾害和应急的能力建设。东京的危机管理体系格外强调配合与协作，重视由层层联络、环环相扣的以政府为中心，但居民、企业、非政府组织均发挥积极作用的社会联系网络。建设一个抗御灾害能力强的社会和社区是政府的危机管理机制的基础。

就北京等我国大城市的情况而言，危机管理体系中的多元组织协作系统还仅仅处于起步阶段，广大的社会组织以及公民还只是处于被动的执行与实施地位。因此，加快普及市民的危机预防知识和明确规定市民、市民防灾组织、企事业单位等具体责任，加强地区、社区和单位等的防灾对策和危机管理功能，把行政、企业、市民等横向合作作为目的，促进社会和社区的抗御灾害能力建设。像日本倡导的理念那样，让每位市民确立“自己的生命自己保护”“自己的城区自己保护”的理念，并以此作为全民防灾的基本要旨。更重要的在制度层面上，建立一个在灾害发生时，能够携手互助的社会体系。

第四，强化信息管理与技术支撑系统，建设城市信息共享平台。东京改组综合防灾部，新设信息统管部门，专门负责信息收集、信息分析、战略判断。可以清楚地看到，这种机制的关键，就是对信息高度一体化的管理，一切以信息的畅通为核心要旨，打破部门界线及不同部门的信息垄断边界，形成共享信息平台。

对于北京而言，最大的问题是信息分散，无法在危难时刻统一调集，迅速汇总。在发挥各部门的专用信息系统的独特优势基础上，北京市应加快建立综合性信息平台，加强技术支撑体系的建设，避免资源浪费，扩大应对网络范围，提高危机管理的效率。通过这样的城市信息平台的建设，促进政府尽快建成国家层面上的统一的应急管理信息中心。

第五，重视应急管理中的“事先型”合作协定制度，搞好城市应急基金的法定积累和管理。为了减轻在灾害等突发事件中的政府负担和有效地分散政府的风险，同时为了使民间部门和团体在平时和应急时都能积极参与防灾活动和应急活动，日本东京与民间部门和团体签订了“事先型”的平时合作协定，以确保迅速调配和整合应急物资。东京的灾害救助基金积累也为政府提供了有力的财政保障。

鉴于我国正在向市场经济转型，同时为了与国际接轨和规范化，北京等大城市应该改变事后动员型的应急管理方式，提倡“事先型”的合作协定制度和加强应急基金的积累。

第六，完善和健全城市公共应急地方法规体系。国家的《灾害对策基本法》等综合法给东京的防灾与危机管理提供了保障。东京都的地方法规相当完善，在国家制定法律后，马上制定相应的条例和实施规则或细则，当然，还包括根据东京都本身需要而制定的条例和规则。这些地方法规包括消防、火灾预防、危险物管理、急救、灾害对策和灾害救助、政府信息公开、防止公害和环境污染、治山治水、公共卫生和健康保健、城市安全和防震抗灾、食品卫生、药物管理、动植物防疫、水源和自来水管理，等等，形成了一个综合体系。

与此相比，北京需要改变以单项灾种为主的法规体系，建立综合性的防灾和应急管理法规体系。

第七，处理好危机状态下和“常态”中的危机管理关系，提倡“循环型危机管理”模式，实现可持续发展。东京的危机管理机制主要是通过危机管理的法律框架、规划体系来实现日常的危机管理。东京都提倡“循环型危机管理”方式，强调危机管理的不断反复进行和改善，达到循环发展。北京市的公共危机管理体系要充分体现到城市可持续发展规划、城市总体规划中，以提高整个城市管理水平。

第八，强化城市社会共同应对危机的理念，培育长期稳定的“危机学习”市场。要走出 SARS 后我国各部门和地区热衷于建立应急系统和机制、预案的误区，重视最基础的防灾减灾工作和安全标准以及市民危机意识的教育；要走出技术和系统至上的误区，防止片面追求现代化的信息系统等技术，而忽视人的基本技能和必要的知识。要加快危机管理人才的培养，为高水平的教学、持续不断的训练和技战术演习，培养好研究人员和教练员。

尽快建立危机管理专家库，确立公共危机管理体系的智囊机制，特别是多险种专家知识整合为基础的智囊团队，强调并真正充分发挥其在危机事件中不可或缺的决策咨询等辅助决策的作用。只有打好市民和政府的城市防灾和安全保障的基础，才能达到更高境界的危机管理水平。

国外的公众灾害教育途径

张　英

联合国“国际减轻自然灾害十年”行动纲领中强调，采取适当措施使公众进一步认识减灾的重要性，并通过教育、训练和其他方法，加强家庭、学校、社区的备灾能力。

1999 年的“国际减轻自然灾害十年”活动论坛总结了大城市与城市区、社区、宣传、预警、信息、教育与培训、合作伙伴、环境与生态系统、科学研究等减灾涉及的主要问题，指出，要从灾后的反应转变为灾前的防御，提高人的灾害意识，加强政府职能，建立各级减灾网络，扩大国际交流与合作，推动减灾领域的科技进步。可见国际上很重视减轻自然灾害，而且明确指出教育是减轻自然灾害的重要手段，需要提高公众整体的灾害意识和加强家庭、学校、社区等全社会的备灾能力。从 1991—2009 年的减灾日主题来看，减轻自然灾害一直非常重视教育，特别是 2000 年以来。2000 年、2006 年和 2007 年的主题都与学校和教育有关，着重强调学校及社会教育在减轻自然灾害中所起的作用。

国外许多国家已经形成了独具特色、行之有效的灾害教育体系，其中面向公众的灾害教育是灾害教育体系的重要组成部分，国内有部分学者对其进行了研究。国外公众灾害教育的实践非常具有借鉴意义。

各国建立的灾害教育系统中，公众灾害教育内容和手段既有相似点，也有不同之处。相似之处包括：以社区为单位的自然灾害教育实用性强、效果好，是提升整个社会防灾能力的有效手段；建立减灾教育场所非常有助于公众灾害教育的实施。此外，建立灾害纪念日、印刷和发放灾害材料是各国实施公众灾害教育的普遍手段；规定媒体在公众灾害教育中的法律地位也许更有利于发挥媒体的作用。但是由于各国情况不同，各国具体的公众灾害教育内容和一些实施手段并不相同。王卫东在《国外防灾教育“聚焦”普通民众》一文中指出，在公众灾害教育方面，“国外组织实施民众防灾教育的渠道是多种多样的，其中政府起着关键的主导性作用。在此基础上，各国一般都把学校、社区和公共媒体作为实施民众防灾教育的主渠道”。由于许多国家人口普遍以社区聚集分布，所以各国普遍认识到了“社区在民众防灾教育中有着重要的地位和作用。……重视、充分发挥社区的作用，以推动民众防灾教育工作”。而现在已经是信息时代，各国都很注重通过媒体作为灾害教育的手段，而且各国非常注重教育内容的规范性。教育内容是根据所在地的具体情况而精心选择的，教育计划是根据民众的实际情况而认真制定的，教育步骤是根据需要循序渐进的原则而逐步实施的。具体规范的防灾教育内容能极大地提高民众应对灾害的针对性和有效性，从而让民众具备“全面系统的民众防灾能力培养……一是要了解灾害，具备较强的危机意识；二是掌握防灾手段和措施，知道面对灾害应如何处理；三是具备良好的心理应对能力，在灾害发生后能保持头脑冷静、行动自主”；并且“营造浓厚持久的民众防灾教育氛围”，使民众时刻都能受到灾害教育，形成永久的灾害意识。而设立灾害纪念日、建立灾害主题纪念馆或纪念公园等是各国采取的有效手段。

比较我国和各国的公众灾害教育，可以看出二者的教育途径大体类似，都包括建立和使用灾害教育场所、媒体宣传和集中宣传三类。但是国外以社区为单位的公众灾害教育的实施程序、灾害教育场馆的运行方法，确定媒体在灾害教育中的法律责任和地位，从而建立一整套适合本国的、完善社会安全文化体系等做法仍然非常值得我们学习和借鉴。

另外，值得一提的是，国际博物馆协会的考古与历史博物馆委员会(ICMAH)举办的2008年年会的主题正是“博物馆和灾害”。会议探讨了博物馆在自然、经济和军事灾害方面的直接、间接影响，主要内容包括灾害解说方面的道德伦理问题、建立真相、传递信息和展览设计四个方面。道德伦理问题是指博物馆工作人员在寻找和解说灾害展品时要面对什么样的特殊的伦理道德问题，如博物馆对人类所承受的灾害痛苦的展示是教育还是利用？临界点在哪里？博物馆可以在没有本人或其家人的允许下展示他们的图像吗？等等。建立真相涉及许多问题，如研究博物馆是采用哪种角度进行灾害解说，是从受害者及其家人的角度，还是政府、媒体、专家等；博物馆的解说可靠吗？值得相信吗？传递信息是探讨博物馆展示灾害的目的，是为了简单地记载或纪念一件可怕的事或者生命的消逝，还是有其他原因？比如，想要影响现在和未来的决策、带来改变等。展览设计是研究怎样能使参观者效果最大、最优化，探讨展品解说、事件视频或历史陈述、展示设置、计算机动画和其他高科技方法等解说手段。

会议论文集共收录17篇论文，针对自然灾害的论文5篇，研究对象包括自然灾害的论文3篇，除了叙述博物馆在自然灾害纪念、教育、减灾方面的功能、表明建立自然灾害博物馆的重要性之外，还提出了让灾难受害者向他人介绍自己的真实经验、建立TeLL–Net（国际灾害实际课程迁移网络）等新的解说手段，尊重藏品和公众等观点，非常值得学习和借鉴。如Ria Geluk《1953年2月的洪水》描述了荷兰为纪念1953年2月大洪水而建的博物馆及其新馆扩建工程，说明了博物馆在纪念自然灾害、提醒及教育公众方面的功能，表明了建立自然灾害博物馆的重要性。Emilie Leumas和Mark Cave的《飓风卡特里娜：对新现实的适应》探讨了美国政府应对自然灾害的政策体系的问题，指出要从博物馆等存有的自然灾害档案中获得经验。Ikuo Kobayashi的《日本神户阪神—淡路大地震博物馆展览的成果和挑战》介绍了日本神户阪神—淡路大地震博物馆展览取得的成果和面临的挑战，并介绍了一个重要经验：地震中的幸存者作为志愿者把他们的存活经验和所学到的课程传播给参观者。Yoshinobu–Fukasawa的《灾害和博物馆实物展览间的实际课程迁移和博物馆展览的期望》介绍了TeLL–Net（国际灾害实际课程迁移网络），借助博物馆及其他形式让灾难受害者将自己的真实经验教授给他人，实现灾害和博物馆实物展览间的实际课程迁移。S·Frederick Starr的《灾害教会了我们什么》，指出博物馆员工是为他们管理的文化藏品服务的，博物馆要让藏品“自己说话”、公众自己探索，博物馆要尊重藏品和公众。另外，国际很重视博物馆藏品的保护、修复，以及博物馆应对自然和人为灾难的综合紧急管理，因为好的藏品更利于博物馆教育等功能的发挥。如Michael John的《博物馆对抗自然灾害的藏品保护和自我保护》主要探讨博物馆在自然灾害中的自我保护，指出要确定保护对象、目标和措施。Cristina Menegazzi的《降低博物馆藏品风险的案例——博物馆应急计划》介绍了为了保护处于紧急状况的博物馆藏品，国际博物馆协会（ICOM）

2002年启动了一项长期博物馆紧急计划（MEP），还介绍了国际博物馆协会（ICOM）与国际文化财产保护与修复研究中心（ICCROM）和盖提文物维护中心（the Getty Conservation Institute）合作开发的“综合紧急管理合作”培训课程。

此外，还有一些学者也探讨了博物馆自然灾害教育解说方面的内容，如Kobayashi Fumio在《Social Education for the Prevention of Natural Disasters in the Museum》中指出其在日本兵库县南武地震学习展中发现，日本兵库县南武群众更加关注住宅附近的活动断层分布，指出自然灾害展览解说应关注日常生活中的专业知识，如地球科学知识等。Holmes，Mary Anne在《Dinosaurs and Disasters Day at University of Nebraska's State museum：A Joint Effort to Explain Natural Disasters to the Public》中指出了内布拉斯加大学的国家博物馆让本科生和研究生参与博物馆解说，介绍海啸、泥石流、火山爆发等自然灾害过程，建立公众和科学之间的桥梁，吸引了大批参观者，取得了良好效果。

会议主题和相关研究反映了国际对博物馆向公众传播灾害知识、技能等作用的重视，“博物馆和灾害教育”已成为国际研究热点，而且灾害教育场馆的研究集中于场馆的解说。另外，让灾害幸存者参与场馆解说和灾害教育是一种公众灾害教育新方法。

开展公众灾害教育　提高公民防灾素养

郗吉夔　张　英

为进一步提高山东省地震科普示范学校的管理水平，激发地震科普示范学校辅导员的工作积极性，山东省地震局于2010年8月18日在泰安组织召开了“山东省防震减灾科普宣教工作会议”，集中交流了典型单位和个人的先进经验和做法，并联合省教育厅、省科协对首批“山东省防震减灾科普宣教优秀辅导员”进行表彰和培训。会议期间，笔者通过座谈、问卷调查等形式，调查了地震局系统开展公众灾害教育的实施现状，希望通过总结山东省在防震减灾宣传教育工作方面的成功经验并进行推广，以促进我国灾害教育的全面发展。

1. 公众灾害教育的职责

防震减灾宣传教育是防震减灾事业的重要组成部分，也是灾害教育的重要组成部分。加强防震减灾宣传教育是提高我国防震减灾综合能力的重要战略措施。防震减灾教育的主要任务是宣传普及防震减灾知识，让社会了解防震减灾方针政策和事业发展状况，满足社会公众信息需求，动员社会公众参与支持防震减灾活动，营造防震减灾社会氛围，增强全社会的防震减灾意识和应急避险能力，推进安全文化和预防文化建设。广泛深入地开展防震减灾宣传教育，对于实现防震减灾总体目标，提高全社会的防震减灾总体能力，具有十分重要的意义。

加强防震减灾宣传教育，对于实现防震减灾奋斗目标、动员社会公众参与防震减灾活动，具有重要的铺垫作用。加强防震减灾宣传教育，是推进预防文化和安全文化建设、提高全社会防震减灾整体能力的重要保障。

2. 灾害教育的新模式

近年来，山东省各地注重以防震减灾“五进”（进机关、进学校、进社区、进企业、进农村）为重点的宣传活动，分别面向不同受众，使防震减灾宣传的范围和深度不断提高。同时，为了提高宣讲水平，山东省地震局组织制作了针对不同单位性质、听众特点的“五进”课件，取得较好效果。

①通过在城市广场、社区宣传，利用社区科普宣传栏宣传和到城市社区开展科普讲座等方式，推进防震减灾进社区的活动，部分市还开展了地震安全社区的创建活动。另外，通过对城市地震救援志愿者队伍的培训和举办专项演练以及应急避难场所命名、现场会等方式开展宣传活动，对社区地震安全起到了很好的作用。如，聊城等市在5月1日《中华人民共和国防震减灾法》颁布实施日、“5・12”全国“防灾减灾日”暨汶川大地震纪念日、“7・28”唐山大地震周年纪念日等特殊时间点开展形式多样的宣传工作，并利用电视、广播、报纸、网络等媒体进行广泛宣传。

②部分市通过到大中型企业开展防震减灾宣传活动，举办防震减灾知识讲座等形式，推进大企业地震安全工作的落实。如，潍坊市多年来坚持加强重点工程建设单位、人员密集场所经营单位的防震减灾，特别是抗震设防、地震安全性评价法律法规等方面的宣传。通过宣传，提高了广大业主的法律意识。2006年以来，该市重大建设工程地震安评数目不断增加，在全省位居前列。商场、医院等人员密集场所及生命线工程，易燃、易爆等次生灾害工程等，均按要求落实了安评措施，并完善了各自的地震应急预案。

③各市通过召开防震减灾工作领导小组会议、座谈会以及开展大型宣传活动等机会，向政府及有关部门领导宣传防震减灾知识；通过在机关组织防震减灾知识竞赛，在政府广场、机关办公楼前摆放防震减灾宣传展板，向政府工作部门宣传防震减灾知识，提高机关工作人员防震减灾意识。

④各市、县（市、区）地震、教育、科协等部门不断开展市、县两级地震科普示范学校的创建和命名工作。2004年，济南市按照上级文件精神，结合实际，制定方案，确定了“抓好典型、以点带面、巩固提高、逐步推广”的地震科普示范学校创建思路，首先选取硬件基础好、师资力量强、学生素质高的学校，创建了4所省级、7所市级地震科普示范学校。利用中国减灾世纪行山东站启动仪式的时机，举行了隆重的授牌仪式，中国地震局、中国灾协、省地震局、市政府领导出席并向各示范学校授牌，省市各大新闻媒体进行了现场采访报道。仪式现场还向每所示范学校赠送了2000册《青

少年防震避震知识》读本和 1 个青铜张衡地动仪模型。授牌仪式拉开了该市地震科普示范学校创建活动的帷幕。自此，该市每年都组织中小学校分批申报，几年来已有 66 所中小学经审查评定，先后被命名为省、市级地震科普示范学校，位居全省前列。市、县两级地震、教育、科协部门定期沟通协调，建立起良好的工作机制和制度，每年共同组织一次示范学校申报、一次命名授牌仪式、一次经验交流会、一次检查考评；市教育局将地震局编写的《地震科普知识》作为重点，编入《济南市中小学生安全常识》，发放到全市每一个中小学生手中，并将地震常识纳入到中小学校教学计划中；市、县地震局每年在每所示范学校举办两次科普讲座，开展两次地震应急演练；市科协科普大篷车经常开进学校，向师生宣讲地震科普知识。各示范学校把地震科普教育作为常规工作，每年制定方案，对人员、经费、场地、课时、活动做出安排，选拔了一批责任心强、业务水平高的教师担任专、兼职地震科普辅导员，作为骨干重点培养，提高他们的地震科普素养。机制的建立、体系的形成为巩固和推进地震科普示范学校建设奠定了基础。各示范学校还投资建设了一批校园橱窗、壁栏、黑板报、电教室、教室地震科普角、科普展览室（馆），并充实和增加各类地震科普实物、模型、图片和视频资料，使之成为能长期开展地震科普教育的阵地。

历城一中作为全市首批地震科普示范学校，投资上百万元建设了地震科普馆。馆内展览内容丰富，既有图片，又有地震观测仪器实物及岩石、矿物、化石标本，并在校园内安放了全市学校中最大的地球仪和地动仪模型，形成了浓郁的地震科普氛围。省人大、市委、市政府有关领导多次视察该校，对该校普及地震科普知识的做法给予了充分肯定。

济南育贤中学投入 70 多万元，配备了 ICOM 短波应急通信电台、GPS 卫星定位系统及镐头、铁锹等救护工具，在教学楼内安装了应急照明灯及求助信号发射器，并为每个学生备好了装有手电、水、药品、食物的地震应急小包。

各示范学校灾害教育条件的改进保证了地震科普教育的持续、有效开展。另外，济南市不断探索和丰富学校科普宣教形式，力求取得最佳效果。

菏泽市牡丹区第二十二中学是山东省首批地震科普示范学校。该校高度重视地震科普教育工作，始终坚持在“普及”上做文章，在“创新”上下功夫，积极开设防震减灾校本课程，通过课堂教学、模拟演练及多种形式的主题活动，增强师生乃至学生家长的防震减灾意识，培养其防御地震灾害的自觉性和主动性，提高在地震灾害中的自救互救能力。

⑤部分市、县（市、区）地震部门通过“科普村村通”宣传栏，大力推进地震科普进农村活动。另外，市、县两级地震部门利用防灾减灾日、唐山地震纪念日、科技周、科普宣传周等组织地震科技下乡宣传活动，有效地推进了地震科普知识在农村的宣传。如威海市针对农居抗震能力差，农民防震减灾意识淡薄，从历次地震的损害程度看往往是地震的重灾区这一实际情况开展防震减灾工作。近几年来，地震局依托农村普遍建立的“科普村村通”宣传栏、“农村远程教育网络”“妇女之家”等活动阵地，因地制宜，见缝插针，不断加大防震减灾宣传的力度和频率。在营造氛围的同时，又在全市68个镇（街道办事处）设立了防震减灾助理员，在2619个自然村设立了集宏观测报、震情灾情速报、防震减灾知识宣传于一身的工作人员。这些人员通过培训、考核上岗后，结合新农村建设，宣传农村房屋抗震设防、识别地震谣传、宏观异常以及防震避震等方面的知识，不断改善广大农村群众谈震色变的恐震心理和大震难遇的麻痹思想，为切实增强农村民居的抗震能力、指导农村群众科学避震、有效减轻地震灾害起到了不可替代的作用。

除此之外，山东省地震局还结合媒体进行科普宣教工作，结合灾害教育类场所进行公众教育，取得了良好效果。

⑥各地注重发挥新闻媒体在地震新闻和科普宣传工作中的作用，除了对重大会议、重要活动以及地震事件的报道外，还结合地震应急救援演练、志愿者队伍成立、避难场所建设等机会，通过媒体进行报道和宣传。市、县地震部门还经常通过报刊刊登地震科普知识，通过电视播放专题片、专访，以及通过互联网媒体和单位信息网等方式开展防震减灾知识宣传，如青岛市成立应急宣教志愿者服务队。为加强青岛市应急宣教志愿者队伍建设，普及应急管理知识，增强全民应急意识，青岛市地震局与团市委、市应急办联合成立了青岛市首批专业化应急宣教志愿者服务队。该市还建有“12322”

防震减灾公益服务热线，这条热线具有防震减灾知识宣传教育、防震减灾业务咨询、地震灾情速报、地震宏观异常报告等功能，充分发挥了防震减灾宣教传媒的作用。

⑦利用地震遗址公园等灾害教育场所开展防震减灾教育。1668 年山东郯城大地震造成的熊耳山山体大崩塌遗址，崩塌散落面积达 2.5 万平方米，2006 年该地被中国地震局批准为国家级典型地震遗址。熊耳山崩塌遗址壮观、震撼人心，双龙大裂谷独特、全国罕见，是开展地震科普教育的绝好场所。为充分利用熊耳山地震遗址开展地震科普教育，同时加强对地震遗址的保护，枣庄市地震局于 2004 年在此地建设了熊耳山地震科普教育基地。基地占地近 0.6 公顷，总建筑面积 1000 平方米。其中，科普展馆面积 700 平方米，地震综合台面积 300 平方米。展馆分为 3 个展区，北区为地震历史和地震知识展区，中区为 4D 动感影院，南区为影视厅。2006 年 5 月，该基地被中国地震局认定为“国家防震减灾科普教育基地”；2007 年 10 月，被省科学技术协会命名为“山东省科普教育基地”。熊耳山地震科普馆建馆以来，每年参观人数在 2 万以上，极大提高了地震科普知识的普及面，确实发挥了宣传阵地的重要作用。

3. 加强公众灾害教育的思考

①措施。在“进学校”方面，继续推进市、县两级地震科普示范学校的建设，尤其推进扩大县级示范学校数量。在“进社区”方面，积极开展地震安全示范社区的创建，通过示范带动，逐步扩大城市社区的深入宣传范围，丰富宣传内容，提高社区宣传实效。在“进农村”方面，进一步加强与科协部门合作，通过“科普村村通”宣传栏，扩大地震科普宣传的范围，继续推进市、县两级地震部门科技下乡活动。积极主动地为城市社区、学校、机关、企业举办防震减灾知识讲座。充分发挥电视和报刊等媒体的作用，加强与媒体联系，定期播放或刊发防震减灾科普知识。

②建议。定期举办防震减灾宣传教育工作交流会或座谈会，表彰在防震减灾宣传教育工作中做出突出贡献的单位和个人。各级地震部门组织编制既符合当地特点又实用的防震减灾宣传资料。增加各级地震部门防震减

灾宣传教育的经费预算。

③思考。学校灾害教育是灾害教育体系（学校、公众灾害教育维度划分）的重要组成部分，学生、教师防灾素养的提高有利于向家庭与社区传播，进而提高全体公民的防灾素养。地震局等相关机构是开展公众灾害教育的中坚力量，公众灾害教育是灾害教育的重要组成部分。通过构建科普示范学校，可以有效地提高师生的防灾减灾能力，达到良好的教育效果。科普示范学校是地震局与教育系统密切合作联动的产物，在现有学校灾害教育课程实施不力的现状下，更是一种开展灾害教育的有效模式，如联合环保部门与教育部门开展的“绿色学校创建活动”。国外的经验表明，以社区为单位开展公众教育效果较好，安全示范社区的建设连同科普示范学校建设值得进一步推广。

应继续大力开展农村地区的科普宣传教育工作。灾害易损问题归根到底与经济发展水平及教育程度有关，公众教育应该关注落后地区并提高其御灾能力。同时，应充分运用媒体、灾害教育类场所等平台，采用合理的方式积极开展公众教育，提高全民防灾素养，培育安全文化的人文环境。

防震减灾宣传教育要点探讨

邹文卫

1. 必须强调宣传与教育并重

我们习惯上把防震减灾宣传工作称为防震减灾宣传教育工作，比如像将专门从事此项工作的事业机构设置称为宣传教育中心，但我们很少思考宣传和教育的联系和区别。

按照汉语词典的定义，宣传是“对群众说明讲解，使群众相信并跟着行动”；而教育是“按一定要求培养；用道理说服人，使照着（规则、指示或要求等）做”。

防震减灾宣传工作传输给社会公众的应该分为信息和知识两个部分。根据字典的定义，信息的定义是音信、消息（Information: facts and details of somethings that tell you about a situation，person，event etc）；而知识的定义为“人们在社会实践中所获得的认识和经验的总和”，指学术、文化或学问（Knowledge: the facts，skills，understandings that you have gained through learning and experience）。从学术定义上理解，信息是碎片化的，而知识是连贯的。

美国学者纳特 · 西尔弗说，自从有了印刷机，我们的世界已经经历了太多。信息不再那么稀有，我们拥有的信息太多，甚至多到无从下手，但有用的信息却寥寥无几。我们主观地、有选择地看待信息，但对信息的曲解却关注不够。我们以为自己需要信息，但其实我们真正需要的是知识。

如果把防震减灾宣传工作分为宣传和教育两部分，从宣传和教育定义的辨析中不难看出，宣传工作侧重于信息的发布和公开，教育工作则侧重于知识的传播和技能的培养。

以往的防震减灾宣传工作实际上注重于信息的传递和发布，而对于知识的传递有所忽略。防震减灾宣传工作应该从以往的工作模式中摆脱出来，做好由以往重宣传轻教育向宣传和教育并重的模式转变。但此处的教育也不是传统的学校式的或灌输式的教育，而是在移动互联网环境下深刻变革后的教育，即使学习者能运用多元数字化、移动化、网络化的技术与工具，实现随时、随地、随心地学习。

2. 有效减少损失的地震预警系统

(1) 地震预警系统定义。

2008 年 6 月 14 日，日本岩手县发生 7.2 级强烈地震，仅造成 7 人死亡、100 余人受伤、10 余人下落不明。地震发生时，日本的地震预警系统起到了一定程度的预警作用，有效地减少了伤亡和损失。发生在 2011 年 3 月 11 日的日本东海大地震，地震预警系统同样起到了作用，使得运行于日本东北地区和东京之间的 27 对新干线列车自动刹车停运，避免了更大的损失。我国部分媒体在报道这些地震灾害时，混淆了本质上不同的地震预警与地震预报这两个概念，致使我国有些人产生误解，认为日本做到了地震前瞬间预报地震，因而能够预报地震。

那么，什么是地震预警系统，它与地震预报有什么本质的区别呢？

简单地说，地震预报是震前对未来将要发生地震的时间、地点和地震震级做出预测并通过法定程序向社会发布。地震预报是当今世界科学难题，仍处于探索之中，人类成功预报地震的例子只是凤毛麟角。而地震预警是地震发生时，及时快速地向远处尚未受到地震波及的地点发出“地震发生了，请做好准备”等警示或直接给重要设施发出停止运行指令的警报系统，以避免次生灾害的发生和更大的损失。地震预警系统由日本首先研发，2007 年 10 月 1 日正式投入运行。我国防震减灾“十二五”规划中已将我国地震预警系统的研发作为主要任务之一。

地震预警，日文汉字写作“紧急地震速报”，英文为“Earthquake Early Warning”，从字面上看，日文“紧急地震速报”的说法更能准确反映地震预警的科学含义。

(2) 地震预警系统工作原理。

地震预警的工作原理基于地震发生时断层破裂处发出的不同地震波的速度差以及地震波与电磁波的速度差异。我们知道，发自于震源处的地震波主要是纵波（P）和横波（S），两种波的传播速度不一样，传到地表的震动幅度也不一样。P 波“跑”得快，传播速度约 6 千米 / 秒，但震动幅度小；S 波“跑”得慢，速度约 3.5 千米 / 秒，但震动幅度大。由于传播速度不同，随着传播距离的增加，两种波到达某一地点的时间差越来越大，“跑”得快但震动较小的 P 波到达地表某点时，震动强烈的 S 波还未“赶”到此点，就形成了两种波的到时差。

利用这种到时差，当离震源最近观测点的强震仪捕捉到地震波的 P 波时，就开始向地震数据处理中心（日本将其设于气象厅内）传送数据，推断

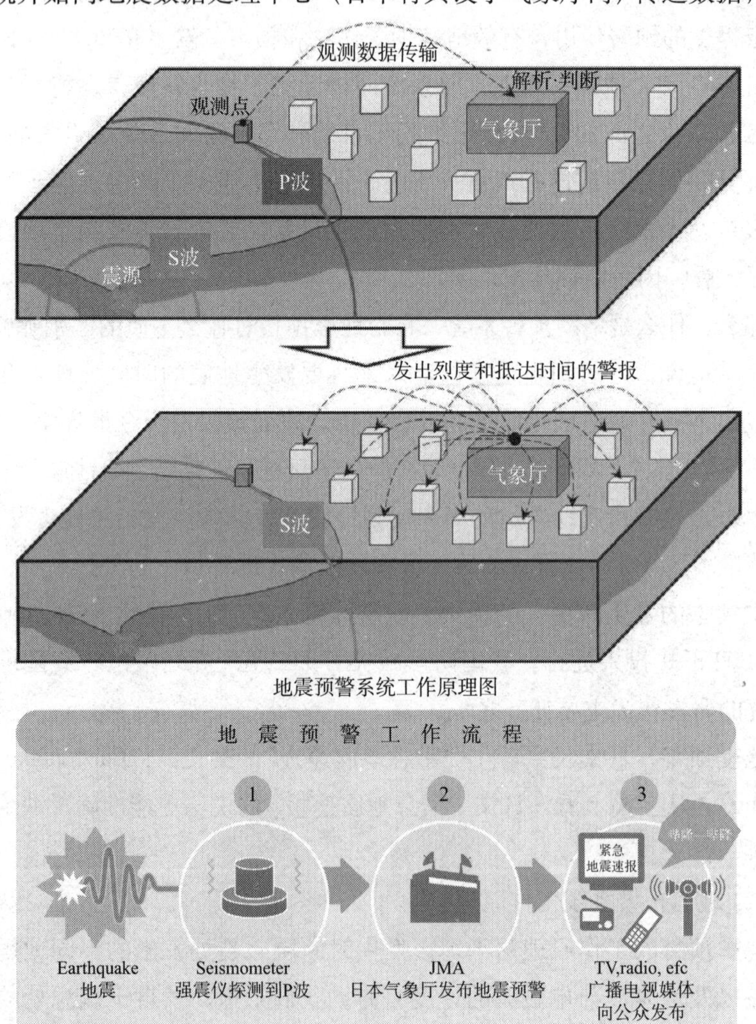

地震预警系统工作原理图

震源、震级、烈度等要素。随着地震波的传播，捕捉到地震波的观测点越来越多，根据增加的数据，数据处理中心进一步提高判断精度。当多个观测点捕捉到地震波，推断最大烈度会造成破坏时，数据处理中心就会自动通过无线电向社会发布预警信号，且这种信号在相当大的范围内会赶在震动强烈的S波到达之前传递到位。这样，地震预警系统会给离震中较远的地点带来十秒至几十秒的预警时间。在推断为烈度5级（日本标准，相当于中国地震烈度Ⅶ度）以上时，日本气象厅就会启动地震预警系统。

有些生命线工程或易发生次生灾害的重要设施，自身带有自动地震预警装置，当自身所带的传感器接受到地震P波时，就自动运行保护装置，以争取更多的安全时间。

(3) 地震预警系统的应用。

将地震预警系统应用于重要设施和设备，可极大地减少灾害损失和次生灾害的危险。如：自动控制高速列车紧急刹车，以免被更大的震动颠覆；正在运行的升降电梯可迅速在最近的楼层停梯并打开梯门，以免里面的人被更大的震动困在梯箱里；可以避免高速公路行驶的汽车因地震发生交通事故；控制工厂自动生产线以减少产品的损失；可以及时停止某些重要工作，如重要手术等，确保不发生事故；停止一些高空作业并迅速撤离人员，确保安全，避免发生危险。

日本的地震预警信息通过电视和收音机播放以及相关设施场馆内的广播播放发布，可及时向人员密集场所发出警报，使人们迅速有效地躲避或有序撤离。在室内，收到地震预警信号的人可迅速到安全的部位躲避。

现在，地震预警系统被运用在最先进的通信工具上。日本的三大移动电话运营商NTTDoCoMo、au和Softbank自2007年起开始提供紧急地震速报业务。2007年以来，日本厂商被要求必须在投向市场的3G移动电话中支持这一功能，但由于此速报功能属于日本自定，并非3G的标准规范，因此海外厂商如诺基亚、HTC、LG、三星等品牌在日本销售的手机尚不支持。苹果公司将于日本销售iPhone手机的iOS5.0操作系统加上紧急地震速报功能，而Android或其他平台的智能手机将借由安装APP的方式增加此功能。此项服务免费并默认在新移动电话中开启，无法被使用者关闭，且为避免造成混淆，警报的提醒声是固定的，不允许使用者自行修改。

日本的有线电视台提供价格合理的地震预警（EEW）服务，向外出租面向高级用户的 EEW 接收器。EEW 接收器能告知用户地震的烈度和预计到达时间。一些有线电视台也在调频（FM）广播上播放 EEW，并免费提供设备给县和市政设置。

在 NHK 电视频道中，速报会在两声编钟音发出时叠加在电视画面上，在此之后会有 NHK 的播音员发布速报："这是一个紧急地震速报，请小心强烈摇晃。"速报同时也告知观众地震是否有造成山体滑坡和海啸的可能。

(4) 地震预警系统的局限性。

地震预警系统开发时间不长，缺乏使用经验，尚有一些局限和课题需要解决。首先是预警时间的限制，由于它不是地震预报，因此为人们争取的时间非常有限。从发布预警到大的晃动到来一般只有十几秒至几十秒。而震动最强烈即烈度最大的震中区反而来不及收到预警信息。其次，地震预

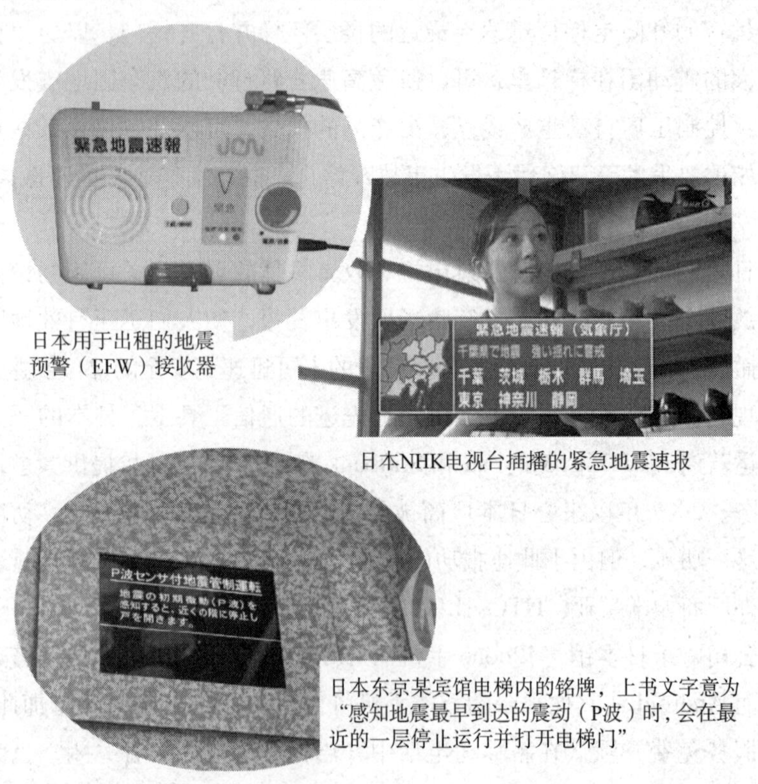

日本用于出租的地震预警（EEW）接收器

日本NHK电视台插播的紧急地震速报

日本东京某宾馆电梯内的铭牌，上书文字意为"感知地震最早到达的震动（P波）时，会在最近的一层停止运行并打开电梯门"

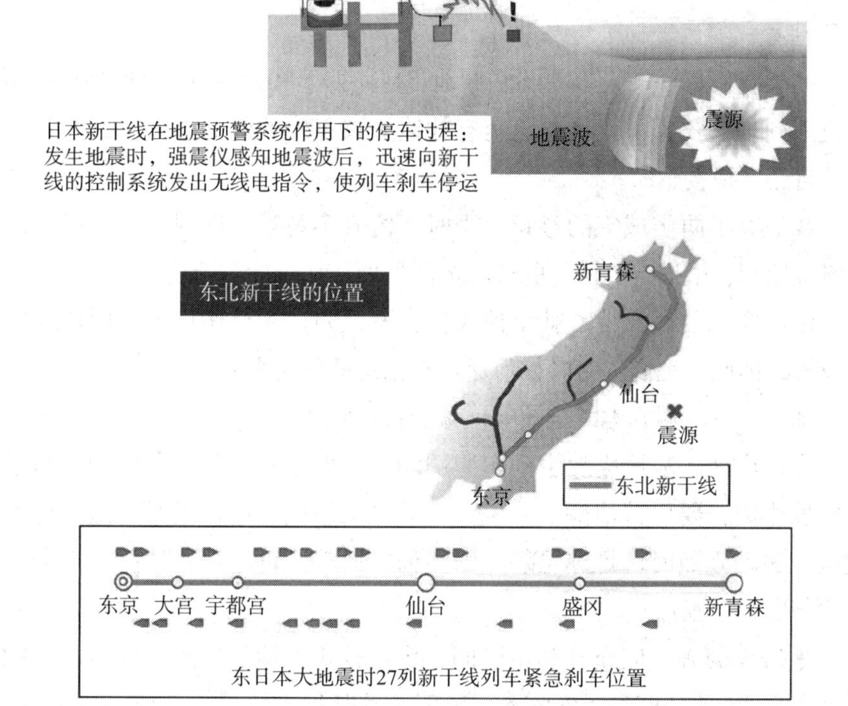

警系统有误报的风险。由于机械故障或雷电等原因造成的“干扰”，有可能触动系统发布错误的预警信息。特别是对于单体的地震预警装置，更易形成类似的误触发。第三，在分析判断方面也存在问题。对于大规模地震的判断精确度有限，而且由于预警系统是根据统计数据来推断烈度的，所以还不能精确预测每个地点的震动幅度。

3. 地震灾害自救互救常识

2008 年 5 月 12 日，我国四川省汶川县发生 8.0 级地震。强烈的地震和惨重的生命损失举世震惊。在党中央、国务院的坚强领导下，中华民族众志成城，共赴国难，开展了抗震救灾的伟大斗争。

我国是一个多地震的国家，突发性的地震灾害严重地威胁着人民的生命财产安全。

人类现在虽然还不能准确地预报地震，但可以采取各种方法来减轻地震灾害造成的损失，增加防震减灾意识和提高正确应对地震灾害的技能就是其中之一。

如果我们每一个人都熟练掌握地震应急避险和自救互救的知识和技能，一旦遇到地震灾害，就可以迅速有效地采取正确的应对措施，最大限度地保护自己，挽救生命。

我们有了防震减灾的意识，平时多留心多观察，遇到紧急情况时，就可掌握原则、根据自己所处的环境灵活处理，从容应对地震灾害。

地震灾害的最大特点就是使人们猝不及防，人员伤亡主要由建筑物倒塌造成，因此，地震发生时如何保护自己是避免伤害的关键。

那么，万一遇到地震应该如何保护自己呢？

在震中区，从地震发生到房屋倒塌，一般只有十几秒的时间。当强烈地震发生时，要保持清醒的头脑。一般振动不明显时，不必外逃，更不能跳楼。振动强烈时，是逃是躲，则要伺机而动。可酌情采用如下个人应急避险与防护措施：

平房里的人，应充分利用时间，头顶枕头、沙发靠垫或安全帽等能保护头部的物品，迅速躲在桌下、床下，及紧挨内墙根下，或坚固家具旁；蹲在地上，保护头、胸等要害部位，闭目，用鼻子呼吸，并用毛巾或衣物捂住口鼻，以隔挡呛人的灰尘。

楼房内的人，要迅速远离外墙、门窗和阳台，选择厨房、卫生间、楼梯间等开间小而不易倒塌的空间避震；也可以躲在桌下、内墙墙根、墙角、坚固家具旁等易于形成三角空间的地方避震；不要盲目跳楼。震后撤离时不能使用电梯。

正在用火时，要迅速关掉电源和气源阀门、开关，然后迅速躲避。不要躲在镜子和玻璃门等易碎物品旁边，以防玻璃破碎被扎伤。

室外的人要避开高大建筑物、立交桥等，把书包等物顶在头上，或用双手护住头部，防止被掉落的玻璃碎片、屋檐、装饰物砸伤，迅速跑到街心、空旷场地蹲下；尽量远离高压线及化学、煤气等有毒工厂或设施。

一次主震后往往有多次余震发生，余震也可能造成很大的伤害和损失。因此，震后不要急于回到室内，应尽快到指定的应急避难场所。

正在上课的老师要沉着地指挥学生采取避震措施，同学们应迅速抱头、闭眼、躲在各自课桌下。震后有组织地疏散，切勿乱跑。

正在工作场所的人，就近选择设备和办公家具下躲藏。

若正在公共场所，如车站、影剧院、商店、教室、地铁等场所的人，要保持镇静，就地选择坚固桌、凳、架等地方躲避，伏而待定，听从指挥，有序撤离；千万不能乱跑，更不要卷到人流中，乱拥乱挤，拥向出口，以免因相互拥挤踩踏而造成伤亡。

遇到燃气泄漏等特殊危险时，应用湿毛巾捂住口鼻，不可使用明火，震后设法转移；遇到火灾时，趴在地上，用湿毛巾捂住口鼻，匍匐逆风转移到安全地方；毒气泄漏时，用湿毛巾捂住口鼻，要绕到上风方向，震后及时转移。

自驾车时，应迅速躲开立交桥、陡崖、电线杆附近等危险地段，并立即停驶。等地震过后再下车转移到安全地方。

在海洋或海岸附近发生的地震有可能引起海啸，因此，当出现下列情况时在海滨的人应迅速离开海边，向较高的地势跑：当感觉到地震时；当发现不符合正常潮水涨落规律，海水突然退潮或涨潮时；当发现远处的海水形成墙一般的涌浪朝海岸方向运动时；当发现海水发生不明原因的浑浊现象时。

万一被掩埋在建筑物下，如何自救？

如果地震中不幸被埋压在废墟中，首先要坚定信心，保持镇静，相信自己一定能脱险。若被埋压者周围有一定的空间，应想方设法保护这个生存空间防止进一步坍塌。在烟尘弥漫或有害气体泄露时，要尽量用衣服、湿毛巾等掩住口鼻，以防窒息或中毒。如不能自己解救脱险，就要耐心等待救援，此时应尽量保持体力，如有可能尽量创造条件补充水和食物，尤其不能大声呼救，以免体力耗竭。如果有外伤，要自己设法简单包扎，避免失血过多或伤口感染。

在确保自己安全的情况下，如何对他人施救？

如果地震造成房倒屋塌，在确保自己安全的情况下，首先要判断被埋压的人在废墟的什么地方。一是应注意寻找废墟中的“安全三角区”；二是注意辨听被埋压者呼救或敲击器物的声音；三是根据地震发生的时间，判断被埋压者的方位，如地震发生在晚上有可能在卧室的地方，发生在晚餐时间则有可能在厨房或餐厅的位置等。

如找到被埋压者，则先让获救者的头部露在外面，使其能自由呼吸，然后再开始施救。

儿童减灾教育设计方法初探

薛　诚

我国每年有5.5万名0—14岁的儿童因溺水、交通事故以及自然灾害导致的意外伤害而死亡[①]，平均每天有150多人。其中最常见的伤害原因有交通事故、溺水和坠落等[②]。特别是低年级学生、农村地区学生，受意外伤害的影响更为严重。其原因包括社会风险环境日益复杂、社会各部门对儿童的安全保护不到位，但儿童自身的风险意识、应急反应能力和自救知识薄弱，是导致伤害发生的最直接因素。提升儿童的风险意识和应对风险的能力，是减少意外伤害的重要途径。

近年来，我国中小学的减灾教育已经得到相当程度的普及。各学校往往都安排出专门的安全教育课时，包括在假期和节假日前后等重点时间开展安全讲座，不少省份的教育部门还专门制定了安全教育的教材。许多国内外公益组织、志愿者团体、企业等社会力量也参与到儿童减灾教育方式的探索中。然而，现有教育多采用相对传统的方式：教师重在讲解知识或进行主题宣讲，教学模式单一，忽视学生的体验和实际训练，忽视学生防灾减灾意识的养成。这样的安全教育较难提升学生应对风险的自主判断意识和应急反应能力，也不易提升学生学习减灾与安全教育的兴趣。同时，许多学校仍然面临着教师减灾教育能力不足、教学手段不丰富、教学效果不明显的问题。如何更有效地加强儿童减灾教育，激发儿童自我保护的潜力，已经成为全社会面临的一个重要课题。

下面结合在壹基金儿童平安计划实施过程中的经验，同时借鉴国内外儿童减灾教育的成熟做法，梳理和总结出设计儿童减灾教育教学活动的一些具体方法。愿能为从事儿童减灾教育的同人起到参考作用。

---

① 2014年全国人大常委会执法检查组关于检查《中华人民共和国未成年人保护法》实施情况的报告.

② 周月芳，罗春燕，彭宁宁，等.上海市青少年危险行为现状研究(二)———易导致意外伤害的危险行为[J].中国校医，2003，17(2):100～103.

1. 设计教学目标

教学目标的确立是教学设计的中心内容。儿童减灾教育的总目标就是培养儿童应对风险的能力。在这个总目标下，涵盖了科学认知、自主应变、风险意识三个层面。日本政府修订的《学校防灾指南》曾提出“知·技·心”的教育目标，其含义也基本相同。即：首先要让儿童具备对灾害、自然环境、减灾措施等客观世界的科学理解；其次要让儿童掌握自我防灾能力，具备必要的分析判断能力和应急行动的能力，在灾害和意外发生前、发生时开展保护自己的行动；最后，要让儿童养成正确的灾害观、人生观、世界观，培养尊重生命的精神，在日常生活中具备责任感和风险意识。风险意识进一步可以分为低、中、高三个层次，也可以从认识度、参与度、价值观这三个维度来衡量[①]。

减灾教育的具体教学目标，基本可以分为以下几类：

科学认知	了解灾害的发生机制，了解伤害背后的科学原理； 了解自然、社会环境和防灾的关系； 认识到实现安全要从自身的行为改变开始
判断风险	了解本地的灾害历史和自身周边环境中的隐患； 掌握判断风险的原则，能够根据实际情况，灵活果断地做出合理判断
逃生避险	了解灾害或事故时逃生避险的重要性； 通过亲手操作、亲身实践的过程，掌握灾害发生时的紧急应对方法
自救互救	了解灾害发生后自救、互救的重要性； 掌握自救、互救、求救的方法，具备生存技能； 培养儿童关心他人的精神
风险意识	了解相互协作、承担家庭责任、懂得社会规则和秩序的重要性； 了解提前预防和准备灾害及意外伤害的方法； 通过儿童带动家庭参与灾害和意外伤害的预防准备工作； 树立对生命、生活与安全的积极态度，包括尊重生命、重视交流、积极参加志愿活动等

可见，一套完整的减灾教育应有的目标，绝不仅仅是灾害知识的传递或逃生技能的训练，而应该更加注重学生思维、意识、习惯层面的培养。同时，考虑到不同年龄段学生的发育特点和实际能力，这些教学目标也往往需要相对长期、持续的教学活动才能最终实现。在现实中，学

① 张英. 防灾减灾教育指南[M]. 地震出版社. 2015.

校往往没有过多课时和精力投入减灾教育，这就要求教师在教学设计之初，制定合理的教学步骤和递进计划，形成一个适应中长期教学的完整教学目标框架。

2. 明确教学理念

有句英文名言是“Tell me and I forget; Show me and I remember; Involve me and I understand”。意即灌输的知识会遗忘，直观的感受能记得，而凡事参与过才能真理解。在减灾教育中更是如此：灾害和意外伤害具有突发性、复杂性，单纯的知识讲授是无法产生令人满意的效果的。儿童减灾教育必须注重儿童的参与性、体验性，使教学过程符合学生的接受能力，将教学效果最大化。

参与式教学在中小学日常教学中越来越常见，也被广泛应用在减灾教育领域。其基本原则就是通过带动学习者的主动参与，使学习者成为教学的中心。在实践中，往往通过多种途径、手段和方法，使所有参与学习的学生平等、积极地探索、建构，最终实现知识、能力和价值观的改变。对参与者而言，学习的过程往往比传统的教学模式更有趣、更富有挑战性。参与式教学有以下几个通常比较注重的原则：

(1) 师生互动。

强调教师营造互动式的课堂气氛，包括启发提问、设计障碍、创造情境等方法，带动学生的参与积极性；强调教师平等地与学生对话和互动，甚至允许教师在学生面前承认自己的错误，因为这不仅能够缩短师生间的心理距离，还能够激发学生的求知欲和探索欲。在参与式教学中，教师不是传统意义上的灌输者，而是起引导、协助、促进和组织的功能，带领学生一起学习，共同提高。[①]

(2) 儿童发表观点。

强调教师尊重儿童独特的认识和感受，积极鼓励学生提出自己的观点和问题。儿童经过自己的观察思考得出的观点非常宝贵，因此在讨论和问答环节要尽量激发儿童的主动性，带领儿童经过自己的观察和思考去解决

① 刘祥. 参与式教学方法微探[J]. 教育艺术. 2015,（9）:63.

问题。教师要积极考虑如何将学生的想法变得更全面，引导学生不断深入，而不能一味批判学生观点的不成熟。

(3) 建立儿童学习小组。

在教学活动中建立儿童小组，可以最大化地实现儿童自主学习和发表观点，并让学生有机会练习合作。通常来说，可以将每个小组控制为 6 ~ 8 人。经验表明，人数过多会造成个别学生参与度不高，人数偏少又往往导致小组数量多、活动不易管理。

(4) 成果指标更灵活。

学生自身能力的发展是衡量教学成果的标准。尽管不同学生对学习目标的实现有快慢之分，但学生在学习过程中的努力程度和学习体验不可替代，因此教师不能简单地以学习成绩和学习进度作为衡量学生的指标，而应该在一定程度上尊重每个儿童的特点。

(5) 注意对儿童的保护。

虽然参与式教学鼓励以儿童为主体参与实践和探索，但教育活动仍然需要考虑儿童的生理、心理特征，不能开展超过学生接受能力的活动。例如在播放一些灾害 / 事故的视频、照片时，我们的目标是让儿童对危险情况有直观的理解，而不是产生恐惧的心理，因此应注意这些图像、影像资料中不要出现过多血腥和恐怖的画面。如果现场学生产生心理影响，可以采取心理疏导的方法，帮助学生平复心情。

与参与式教学同样广泛应用在减灾教育领域的，还有体验式教育方法。体验式教育最早被用于素质拓展训练，目前已经被大量应用在企业安全培训和各类安全教育场馆。体验式减灾教育的最大优势，就是能够以逼真的场景模拟，让学生身临其境地认知和感受。例如许多防震减灾场馆采用的地震体验平台或地震体验车，能够让人直观地体验地震时的震动感，甚至观察到地震时可能出现的物品坠落、柜子倒塌等现象，从而检验和反思人们是否已经掌握合理的避险、自救方法。但体验式教学的不便之处在于往往需要一些特殊设备或装置。在普通的校园环境中，教师可用常见的物品进行灵活处理，如用数个纸箱连接搭建出模拟浓烟密布的楼道，同样能够起到体验的作用。

3. 设计教学活动

在明确了教学目标和教学理念后，就要设计具体教学活动。近年来，国内外许多机构、学校[①]探索出了不少具体的参与式减灾教育实践活动方案。汇总起来，可以分为科学原理实验、模拟身体体验、角色扮演活动、竞技游戏、文艺作品表现、实地观察发现、开展演练等几种基本形态。下面对每种活动形式做一些补充说明：

【科学原理实验】

适用于让儿童科学认知灾害/事故原理的活动。其优势是直观、有趣，但需要教师提前准备好相应的道具，并最好提前操作几遍，确保实现效果。可以分为观察性实验和操作性实验两种。

观察性实验类似于中小学的物理实验，通过教师一人在讲台上的演示即可完成。所谓百闻不如一见，这种实验活动能够向孩子们展示某种危险发生的情境/过程。比如用充满烟雾的玻璃瓶模拟火灾现场，让儿童能够直接观察到火灾现场烟雾笼罩、视力受阻，同时烟雾向上流动等现象。

操作性实验是指让儿童可以动手操作的实验。它可以让儿童通过更自主的形式探索危险发生的原因，更能够让儿童尝试应对危险的解决办法。比如让儿童用积木或纸搭建建筑模型，并努力通过自己的设计使房屋更加坚固，抵御地震或洪水的伤害。通过操作性实验，可以让儿童更积极地动脑思考，并在行动中找到真正解决问题的方案。但这样的实验一般需要多套道具，所以最好是能够就地取材，用身边的纸盒子、积木等物料进行模拟。

科学实验活动不仅能够让孩子们迅速了解知识点，还能够极大地激发儿童对相关问题的兴趣。同时通过活动，可以向儿童逐渐巩固一种信念：灾害/事故并不可怕，我们都能够用科学的方式解释它，并用聪明的智慧寻找应对方法。掌握了灾害/事故原理的儿童，更可以在危险面前临危不惧。

【模拟身体体验】

灾害和事故的情境是很难想象的，但可以利用一些方法将灾害发生时人的听觉、视觉、触觉、体感甚至嗅觉模拟出来，有效加深人的印象、锻

① 包括壹基金、救助儿童会、全球儿童安全组织、国际计划、四川大学-香港理工大学灾后重建与管理学院、中国教育学会中小学安全教育委员会等机构都研发和汇总过减灾教育案例（集）。

炼人的应变能力。壹基金的安全教育车就是通过一个多向度震动的模拟地震平台，让人体验真实地震发生的感受。日本还有体验洪水、大风等情境的设备。在这些高科技、高成本的设备之外，有很多常见物品可以用于模拟体验活动，比如用书桌模拟车辆以体验开车时的视觉盲区，或用纸箱制造出黑暗的环境，模拟火灾时浓烟笼罩的感受等。

【角色扮演活动】

适用于一些不易开展实验同时又需要进行展示的活动。特别适用于一些关系到人的主观判断的过程，可以用小品、短剧等形式生动地展现出来。比如，展示溺水时如何施救，可以让一组学生扮演溺水者，另一组扮演施救者，让施救者展示讨论和开展救援的过程，并展示每种救援行动的结果。

这种方式的优点是可以锻炼儿童的表达能力和表现能力，让一些平时内向、不太爱发言的儿童有机会展示自己。同时，这种形式生动有趣，特别吸引全班儿童的注意力。但短剧的编排需要提前准备，不必让全体同学都参与进去。

【竞技游戏】

核心是将知识点转化为比赛，并让儿童分小组参与。转化的形式很多，从最简单的知识问答，到稍微复杂一点的风险判断能力、自救互救能力比拼，甚至到最复杂的桌面游戏、卡片游戏等，都是同样的原理。

竞技游戏的优点是儿童参与度高，有趣、好玩，可以重复开展。缺点是设计相对复杂，特别是道具的设计。可从孩子们日常玩的游戏中获得灵感。活动最好巧妙地把知识点转化为一种行为动作，尽量避免简单地让儿童记忆文字。比如，在设计一个学习判断风险点的活动时，让儿童在一个模拟生活环境的平面图上比赛谁先找到风险点，效果要好过让儿童比赛背诵识别风险的方法。

需要注意的是，一般需要儿童提前通过其他形式的活动学习和掌握知识点，因为竞技游戏只是一个巩固知识点的过程，故竞技游戏更适合在主题活动中应用。

【文艺作品表现】

有如下几种组织形式：

其一，充分发挥任课教师的优势，把相关知识点和美术、音乐等课程有机结合起来，编成歌曲、舞蹈或小品，特别是各地的一些民族或地方特色活动，在大课间的时候演示。学校还可以借此打造特色校园活动。

其二，组织儿童和家长共同设计完成家庭的安全计划书/家庭安全地图。充分调动家庭参与的积极性。

其三，开展征文、绘画比赛等活动，让儿童充分表达自我，让成人从儿童的视角理解危险和安全。

【实地观察发现】

在实际环境中找到可能存在的危险是一个重要的教学方法，它往往能够最大限度地帮助教师和学生了解现实情况和实际需求。开始实地观察活动前，教师需要做几项准备工作：

明确范围 —— 明确要带领儿童考察的环境范围：学校、教室还是社区？教师需要考虑危险类型和教学的难易度。

搜集信息—— 在明确调查范围后，教师应了解诸如建筑物防灾抗灾能力、本地地质水文资料、本地自然灾害或安全事故历史等儿童无法通过一次活动了解到的信息。

考察预演——在实际授课前，教师应当将相应环境亲自考察一遍。对儿童活动的时间和流程有更好的把握。尤其要注意可能存在的安全隐患。

了解隐患——教师应在课前确定考察范围内的安全隐患和可用资源，以便在课堂上对儿童给出的意见进行指导，必要时需提前咨询专业人士的意见。

实地观察后，通常需要组织学生分组绘制一张灾害风险地图。灾害风险地图是一张涵盖基本环境信息（地理特征、建筑物、道路等）、安全隐患（危险易发生的场所、易导致危险发生的设施等）、降低风险的可用资源（工具、场所、部门等）内容的个性化地图。教师可以用一张自制风险图或从网上下载的风险图做示例，让儿童了解风险图的基本要素和功能。

对低年级学生，教师向各小组发放已绘制好但未填色的灾害风险地图复印件，引导学生使用红色水笔标出安全隐患，绿色水笔标出可用资源。之后使用其他颜色对地图自由上色，进行美化，让低年级学生感受到制图的乐趣。

对高年级学生，教师向各小组发放灾害风险地图模板和绘图工具，要求学生绘制的内容呈现考察的真实结果，并注意地图的方位、比例和图例。

最后，用小组成员共同认可的形式（如文字说明、符号图案、特殊颜色等）将重要信息标示清楚。教师在教室内随时指导和协助。

【开展演练】

演练可以分为室内动作演练和避险疏散演练。

室内动作演练可以班为单位，在室内进行一些自救、互救动作的练习和模拟。要注意动作的标准性，可以多利用已有的教学视频等外部资源，确保教学内容的正确性。同时也要做好预案和练习脚本，避免练习过程中可能出现的风险。

避险疏散演练可以年级或全校为单位，进行集体演练。教师要提前制订安全宣传或应急疏散演练计划 / 脚本，做好实践行动的协调与组织工作。演练尽可能地包括各种情景，比如应急避险、撤离至避难场所、就地避难、与家人会合等，要力求在关键环节上模拟真实。在演练计划的编写过程中，应随时同儿童、附近居民、校方等进行沟通，广泛听取意见以完善方案，力求做到本土化、科学性和实用性。

对高年级的学生，还可以开展一些实地活动，如排查安全隐患、宣传行动、备灾行动等。在行动中解决一些实际问题。

通过开展演练，可以发现在应急体系和日常准备中的一些问题，从而让我们有针对地进行有效改进。因此演练后，要进行及时总结，对演练过程进行文字、照片或录像的记录，还可以让师生对演练活动进行满意度调查。

4. 结语

以上介绍了设计儿童减灾教育活动时的一些工作经验，包括制定教学目标、明确参与式、体验式的教学理念和一些可参考使用的活动形式。有了这个“外壳”，教师就可以更容易地将“实质”的内容（知识点、教学目标）填进去，形成完整的减灾教育活动 / 课程。必须说明的是，这些经验的形成，离不开许许多多在一线实践的教师和志愿者。当然，这些总结出的经验也不是一成不变、放之四海而皆准的，只有通过更多的教师的借鉴、应用和进一步完善，才能发挥其真正的价值。

第二篇　防震减灾科普教育基本能力

从“科学”到“科普”

任志林

1. 科普的定义

科普即科学技术普及，是指采用公众易于理解、接受和参与的方式普及自然科学和社会科学知识，传播科学思想、弘扬科学精神、倡导科学方法、推广科学技术应用的活动。

科普的目的是将科学普及到社会，作为科学家和普通大众的桥梁。一般倡导科普“三性”，即科学性、思想性和艺术性。科普是一门艺术，需要文理兼融、不断创新，以实现普及科学知识、弘扬科学精神、推广科学方法的目的。

科普创作是将科学技术知识的基本素材转化为科普作品的过程，即科普创作是一种创造性的工作，科普创作者首先要对科学知识、科技成果进行分析，从中选择好的题材。然后，确定表现形式，合理安排文章的结构，再进行叙述、讲解和描绘，使科学技术知识变成通俗易懂的信息产品。科普创作包括选择题材、体裁构思、文字诠释和特效解读等步骤。

2. 科普形式

科普的形式是多样化的，包括学校课程教育、课外阅读书籍、参观各类展馆、观看影视作品、家庭教育、亲子活动等。计算机多媒体技术的发展给科普工作带来了新的发展契机，互联网、手机迅速成为比传统的报纸、杂志、广播、电视等覆盖面更广泛、传播更具时效性、交流更加方便快捷的新媒体平台。将枯燥抽象的科技知识用具体形象的图音符号来表述和传播最适合于当前的社会需求。

无论科普的形式如何，都需要强调与受众的互动。新媒体在与公众形成良性互动方面具备天然优势。新媒体也更容易实践科学传播遵从的“多元、平等、开放、互动”的理念。目前，一些以科学为传播内容的电视栏目或版面也纷纷上网，但是真正能够利用并重视网络在信息传播过程中的延伸作用的并不多，经常将网站上的反馈束之高阁，以致进行及时回应、回帖的少之又少。其原因就是未能真正尊重受众的意见，没有消除或忽略了传播过程中因为误读或不理解或偏见所引起的噪音，从而导致效果不理想，甚至偏离了科学传播最基本的启蒙目的。

对于地震这种小概率事件而言，基于时事热点内容创作的科普动画式微视频，以其新颖另类的内容、短而精的形式和及时快捷的传播特点，成为互联网新媒体时代网络科普的新利器，在科普工作中发挥了独特的作用。

科普作品要注重原创性。科普创作作为科技活动的一种延伸，作品中提倡科学内容本身的创新是不现实的。科普作品的创新性体现在取材、构思、诠释、解读等表现形式的不断推陈出新，以达到普及科学知识、弘扬科学精神、推广科学方法的目的。所谓原创的科普作品，就是在表现形式、技巧、方法方面有所创新、有所突破的作品。科普创作并不是“炒冷饭”，不是对科学知识简单的罗列。科普作品在表现形式上的创新，使科学内容更适合不同需要的人群，还要确保作品的思想性、科学性、通俗性、艺术性，等等，是一门专门的学问。

与科技论文偏重于逻辑思维的构思不同，科普作品的构思偏重于形象思维，作品较多地用生动的形象和具体的事例来表现。科普作品的构思还因读者对象的不同而安排不同的结构层次。例如给农民普及房屋抗震技术就得详细解说，可从简单知识和实际的地震房屋震害讲起；面对孩子们，则用漫画、科学童话的形式，讲清楚地震产生的原因、避震基本要点更为适合；如果是网站式浏览则在目录设置上遵循三次点击原则，即用户最多点击三次，就可以看到自己所需要的信息。科普作品的结构一般应遵循由近及远、由浅入深、由个别到一般、由具体到抽象的原则，帮助读者先易后难、循序渐进地认识客观事物。要善于运用典型事例和贴切的比喻，形象地揭示事物的本质。避免专业术语平铺直叙式的罗列讲解。尽可能用完美的形式，丰富多采的创作手法表达准确、可靠的科技内容，使科普作品达到科学内容与表现形式的统一、科学性与艺术性的统一。

3. 针对性

(1) 分年龄段。

分年龄段主要是考虑科普对象的思维规律和认知能力。实践证明，对在校学生进行科普宣传是一条经济有效的提高全民科学素养的途径，而公民科学素质的提高更要依靠当代少年儿童科学素质的提高。但科普作品要分年龄段考虑学龄前儿童、小学 1 ～ 3 年级、小学 4 ～ 6 年级、初中生、高中生、大学生各自的认知规律和心理特点，甚至思维和语言特点。国外的少儿科普图书上会明确标注适合读者的年龄，有着非常明确的年龄定位，不同年龄段青少年所阅读的版本中文字与插图的比重有所不同。在这方面，我们也取得了一定成绩。仅北京市地震局负责主编的就有明确针对学龄前儿童、小学 1 ～ 3 年级，小学 4 ～ 6 年级、初中生、高中生的科普书籍，制作了针对幼儿园、小学生、初中生、高中生的现场培训课件。

对科学信息的传播，应该充分考虑接受者的认知范围，不要猎奇，也不可远离公众的日常经验、理解水平。可以故事或我们身边发生的事情展开，不是为了介绍某个内容而介绍，而应体现科普作品让受众看懂的出发点。

(2) 分主题。

分主题一方面原因在于防震减灾涉及学科领域太大，不同受众对不同领域知识的需要和理解的深度不同；另一方面，由于受众关注的兴趣点不同，大而全的百科知识不如细而精的分系列作品更有针对性。比如针对志愿者、社区、企事业单位、农村的科普作品在内容选择上应有不同的侧重点，原因在于管理人员和普通公众对避震应急知识理解的深度有所不同。

文字与插图比例不同。细而精也符合现代人浅阅读、快速获取信息的特点。目前，一些发达国家，尤其是日本、美国等，视地震灾害防御如国防，地震科普作品极其丰富，不仅有大量适合学生、家庭、企业、实验室、博物馆等针对性很强的科普书籍，还有互动式的地震体验中心、车载地震体验室、好莱坞影城中的震灾模拟场、科技馆、科普影视片（如《日本的沉没》），形成了“全民教化，以体验与互动的形式，吸引社会公众广泛参与、提高防震意识”的格局。

随着防震减灾知识、新的震害经验的更新，有的主题可以更新形成系列作品，充分体现科普工作的时效性。系列作品也容易形成规模效应，吸引固定的受众群体的持续关注。

社会公共事件和话题在不同程度上影响到公众的生活，所以在吸引人们关注、参与和讨论时具有天然的聚合力。科普工作可以利用公共事件的这种聚合力，从科学的角度解读事件。2008 年松鼠会建立之初，恰逢汶川大地震发生，震后三小时松鼠会即推出一篇原创性科学文章，及时回应了当时社会上流行的有关动物预报地震的谣言。之后又相继推出了涵盖地震基础知识、地震预报、地震自救、心理干预等科学话题的专辑。这些不仅及时弥补了公众在获取科学信息方面的残缺性和不对称性，也为科学松鼠会走入公众视野提供了一个契机。

总的来说，科普作品提倡以受众视角为主导的创作方式，深入了解受众的思维方式、心理特点和知识状况，避免出现运用专业术语较多，行业专家认为很好的科普图书，受众却难于理解的局面。科普作品的形式和内容需要不断创新，应形成一系列作品，吸引受众不断跟进，同时避免同质化作品反复出版。

4. 科学性

(1) 科普内容本身的科学性。

科普创作是科技发展的产物，是科技工作的延续。 同科技活动一样，科普创作具有不可动摇的科学严肃性。因此科普作品创作需要严谨的科学态度，对涉及的内容应提出几个问题：科学依据是否充分？资料来源是否可靠？材料数据是否准确？ 还有没有似是而非的“ 拦路虎”？借道听途说的故事、不加考证的资料、一知半解的知识甚至网络百科检索都有可能存在谬误。科普创作者应有坚实的科学知识基础，这是科普作品具有严格科学性的保证。创作者的科学根底深，才有可能将科普知识讲得明白、通俗易懂。某些优秀科普创作的价值远远超过科学普及的范畴，有的还可以推动科学研究，为科研提出新的思路、新的课题。

(2) 科学精神的传播。

受科学条件及研究程度的限制，对一些未解的科学问题存在争议在学术界是很正常的现象，与地震相关的科普也存在这样的问题。因此，除了在减灾知识与技能层面进行宣传外，科普内容也可以是科学研究的过程，不仅要介绍科学研究的结果，也要介绍科学研究的过程；不仅要重视科学研究所产生的结果的价值，也要重视科学本身的价值；不仅要介绍科学坚持真理，还要将探索自然的本质讲清楚；不仅要引导受众知道“是什么”，更重要的还要提倡问“为什么”。启发受众对象进行不同层次的思考，避免乏味的灌输式教育。提问、质疑本身就是科学精神的体现。“地震能不能预报？”“教室里安全还是楼道、楼梯上安全？”“地震来临时，到底应该是逃还是躲？”对这些问题的解答，应结合适用条件，解决为什么的问题，以免误导公众。

5. 趣味性

在我国，地震是种小概率事件，提高公众的减灾意识和能力并不是容易的事。即使在日本这种地震频发的国家，公众的减灾意识和能力也是长期接受教育而逐步提升的。因此重视科普作品的趣味性，以此来吸引公众的注意力是非常重要的。科普作品的趣味性除了在内容选择方面贴近受众兴趣点以外，更多体现在表现形式上。

可以利用精美的插图、漫画故事、游戏活动、特殊材料用书和动手体验等表现形式来增强学习科普知识的乐趣。图片比文字更能形象地帮助受众理解抽象的科学知识；幽默轻松的漫画故事使作品更有吸引力；贴画、拼图、走迷宫等多种游戏方式将受众的注意力集中到富含科普知识的智力闯关、升级和相应的故事情节中，在游戏升级和推进过程中，受众兴趣被不断激发，毫无知识灌输感，不仅限于现有知识，更对未知领域产生强烈的探索欲望。如何使培训内容更吸引并激发受众的主动思考，对于提升教育效果是十分重要的。

防震减灾知识的科普宣传不仅仅是宣传知识，其目的一方面是提高公众的减灾意识，更重要的是使公众具备相应的减灾能力。因此用真实的案例、模拟真实场景的活动和结合实际生活的动手体验，更贴近提升公众减灾能力的本质需求。

科普作品的趣味性也体现在作品语言的使用上，从科普对象的思维方式、语言特点、兴趣点出发，力求语言精炼、浅显、易懂。这就要求科普作品创作者不仅仅是某一领域的专家，更要有广博精深的知识，同时在讲述形式上还要注意深入浅出。

优秀的科普作品通常是以科普出版为核心业务的出版公司、科普作家和行业领域专家密切合作的结果。科学的分工越来越细、专业化程度越来越高，即使是某个领域的科学家面对跨专业知识也会一筹莫展，更别提公众对科学的理解了。地震科普涉及地球物理、工程抗震、安全避险及疏散等诸多学科，需要积累丰富的科普资源；通过不断地资源整合，挖掘潜力，吸引更多科普创作者和相关行业的专家加入。科普主题应尽可能地进行细致的分类，形成稳定的科普创作者队伍。在保证作品的科学准确性的同时，避免科普作品在低层次徘徊，保证作品与科学技术同步发展。

让公众理解防震减灾科学
——试论科技工作者在科普宣传中的角色与作用

郭　心

科普的发展经历了两个阶段的演化过程。直到20世纪初期，科学家还以钻在实验室里不与公众接触为荣，所以科学技术的普及是科学家向公众单向输出的过程，那时的科学传播活动被称为Popularization of Science，即科普。第二次世界大战以后，科学家和公众都陷入对战争期间科学给人类带来巨大灾难的思考中，公众对科学家的道德、对科学技术同人类和环境关系的审视，导致了公众对科学议题的全面参与，科学、科学家和公众由过去的自上而下简单地灌输和接受关系，转变成一种新型的互动交流的关系，即“公众理解科学”（Public Understanding of Science）。

防震减灾科普宣传是防震减灾事业中一项不可或缺的重要基础性工作。有效的科普宣传是广泛普及地震科学知识、提升社会公众防震减灾意识与技能的重要途径。1998年《中华人民共和国防震减灾法》颁布实施，从国家法制的高度明确了防震减灾科普教育的重要性和必要性。毋庸置疑，地震科研部门是防震减灾科普宣传的重要主体之一，在防震减灾科普宣传工作中具有专业性、权威性的特点，积极探索如何充分利用地震部门内部专业资源，对做好防震减灾科普宣传工作具有重要的现实意义。

1. 从公众质疑说起

2008年汶川地震后，部分公众对地震科学研究工作从不了解，到不理解，进而产生了抵触情绪。公众在问：地震局到底是做什么的？我国的地震预报现状是什么情况？地震科技工作者到底在做什么？这一系列问题的提出，揭示了长期以来我们在科普宣传上的薄弱环节——更注重向公众单方面传输平时防御和震中、震后、自救互救知识，忽略了对有关地震科学研究方式方法、发展情况的介绍。

防震减灾科普宣传工作的一个重要作用就是为公众与科技工作者搭建

一座沟通、交流的桥梁。事实上，科学发展到了今天，早已从当初的单向“科普”发展到了“互动交流型”的“公众理解科学阶段”。由“科普”到“公众理解科学”昭示我们，要想做好防震减灾科普宣传，就要多从公众的角度去考虑宣传的内容。向公众介绍地震科技发展和地震科技工作者的研究，应该也必须成为防震减灾科普宣传工作中的一项重要内容，这对防震减灾工作的顺利展开具有十分重要的意义。

我国防震减灾科普宣传起步较晚，很长一段时期人们都是谈“震”色变，因此在宣传上顾虑重重，浅尝辄止，无法深入地探讨和宣传，生怕引起社会恐慌。这样就导致人们只知道国家投入了大量的人力物力，却不明白地震部门到底在做什么。

其实，地震学家所做的工作与我们的生活息息相关。

例一，公众认为地震预报是世界性难题，很多人觉得现今的地震监测预报都是马后炮，对现实生活并没有什么意义。

其实不然。简单地讲，地震监测预报就是建立地震台网，用来监测和记录地震，即分析判断一个地区在一定时间内发生地震的概率有多大；搞清楚万一发生地震，某地方会出现怎样的地面运动；主震后余震情况以及有可能引发的次生灾害，等等。主震后加密监测，可以降低强烈余震的危害。在地震救灾中，时间就是生命，而“时间”就是地震台网“抢”出来的。对大震前几分钟甚至几秒钟的预警，是减轻灾害带来的损失的重要方法之一。

例二，地震“防不胜防，防的作用微乎其微”。

其实，在地震预报还没能过关的今天，防震减灾的关键还是以预防为主，防患于未然。进行地区的活断层探测和加强建筑物的抗震设防标准，是降低地震灾害损失的根本。日本是一个地震活动最为频繁的国家，但每次地震损失却很小，为什么？不是因为他们能够预测地震，而是他们的建筑物抗震能力特别强，连普通住宅都要做专门的地震安全性评价，以达到标准。地震部门的一个重要职能就是监督管理重要工程、容易产生次生灾害工程、生命线工程的抗震设防，并对重要建（构）筑物进行地震安全性评价，这是最科学、最可靠的防范地震的措施。

2. 整合资源，实施走群众路线的防震减灾科普宣传新形式

在防震减灾科普宣传中，充分整合利用现有科技资源，请地震学家们走出来直接面对公公，对科普工作可以产生事半功倍的效果。

(1) 组织专家科普讲师团。

一方面，倡导地震科技工作者积极投入到科普宣传中，有效整合地震部门内部资源，组织一支由地震监测预报、地震活断层探测及安全性评价、测震仪器研究、地震救援等多学科专家组成的科普师讲团，并鼓励科技工作者多写科普文章。另一方面，科普宣传工作者也要紧跟地震科技发展形势，追踪科技研究成果，适时地将防震减灾科技工作以深入浅出的形式介绍给公众，让公众正确了解我国防震减灾事业的发展，我国防震减灾事业的“3+1”（即地震监测预报、震灾预防、应急救援和科技创新）工作体系，等等。

在地震部门专家指导下组建大学相关专业学生和社会志愿者的“防震减灾科普宣讲团”，赋予大学生、志愿者防震减灾科普宣传责任。这样既提高了大学生、社会志愿者参与防震减灾工作热情，又有利于建立和完善防震减灾社会动员长效机制。

(2) 创新科普宣传教育基地。

2003 年，中国地震局召开全国地震台站工作会议，做出要积极探索新形势下地震台站建设与发展途径、开拓新的业务领域的指示精神。之后，各省市地震部门迅速行动起来，围绕建设科研型、开放型、综合型等类型台站的思路模式，开展不同形式的探索与实践。例如，北京市有人职守的 8 个地震台站，在做好地震监测预测等基本工作的前提下，围绕防震减灾科普宣传开展了大量工作，尤其是海淀地震台定位为科普宣传、试验观测和数据备份中心。为了发挥好海淀地震台科普宣传的功能，北京市地震局向市科学技术委员会申报了北京市科普专项课题，针对当前社会防震减灾教育体验式教学的不足，采用亲身体验和参与互动的方式，建设成以模拟地震装置为主体的防震减灾教育场所。建成的地震震动模拟演示台，可使参观者亲身体验不同级别地震的震动情况。另外，北京市地震局还自主研制了砂土液化等互动展品，建设了地震观测仪器陈列室等。这些场所和设施为台站开展科普宣传活动奠定了坚实的基础，也提升了台站自身科普宣传的能力。

延庆、昌平、海淀、通州等地震台多次在“5·12”防灾减灾日等时段对外开放，接待学校、企事业单位、社区居民的参观访问，发放科普宣传材料近万份，取得了较好的科普宣传成效。应当说，以台站为基地的宣教工作极大地推进了以台站为中心的地域为主的防震减灾宣传教育工作。打开地震部门大门把公众请进来，既充分利用了资源，又进一步将宣教工作做得更深入、更扎实、更有针对性。

(3) 充分利用地震部门现有媒介，共创防震减灾科普论坛。

为了科学地总结新形势下科普宣传工作的新思路、新方法，可利用地震部门现有媒介，如：北京市地震局主办的《城市与减灾》刊物等，策划有关科普宣传工作的系列征文，以专刊、特刊甚至增刊的形式，强化宣传力度；邀请地震学家、全国各省市地震安全示范社区科普工作者，对防震减灾知识、社区好的经验做法进行系统梳理，归纳总结出符合当前科技进步与社会发展形势的科普宣传工作的有效思路与方法，进而指导社区的防震减灾科普宣传工作，提升防震减灾科普宣传的总体能力与水平。

(4) 利用互联网，充分进行互动。

作为新兴媒体，互联网的优势在于能够及时有效地互动。地震各学科专家利用这种互动，不仅能够指导公众日常生活中的防震减灾行为，而且便于更直接快速地澄清和杜绝地震谣言，安抚公众的负面情绪，达到稳定社会的效果。互联网是地震部门发布权威地震信息的重要途径。

3. 结语

公众理解防震减灾科学，不仅仅是指公众对防震减灾基本知识的掌握，更重要的是了解我国防震减灾事业现状，正确理解防震减灾科学的发展，避免负面情绪的产生，从而杜绝地震谣言的发生和传播。只有将这项工作做好，当震灾来临时，才能以科技为依托，将人民的生命财产损失降到最低。

公众对地震部门的信心是建立在对地震科技的了解以及对其发展过程的理解上的，如果地震科技工作者能更广泛、密切地加入到科普工作中，积极地融入社会，为公众消除心中的疑虑，我国防震减灾事业将会发展前进得更快！

面向灾害管理人员开展的减灾适应模式培训

常 晟

在综合减灾的日常工作当中，灾害管理人员充当着减灾工作中行使管理、指挥或协调他人完成减灾任务的角色，其工作绩效的好坏直接关系着减灾工作的有效性。如民政部门、水利部门、气象部门、国土资源部门等单位的各级分管领导、责任人、指挥人员和救灾人员。因此，灾害管理人员作为培训对象，培训过程必须考虑多部门、全方位的灾害管理人员参与，要按照政府负责，部门指导协调，各方联合行动的要求，打破部门分割的界限，建立和完善多层次、多方位的模拟联防工作机制，加强党政机关部门之间、政府部门之间、政府各层级之间、政府与社会之间、各辖区之间的合作，建立和完善气象、国土资源、水利、农业、林业、地震等有关灾害主管部门之间灾害信息的沟通、会商、通报制度，实现资源整合与共享，密切配合，建立信息交换机制，逐步实现减灾信息共享、协同应对，为开展自然灾害综合会商、决策服务、灾害研究等提供信息基础保障，最终逐步形成“政府统一领导、部门分工协作、社会共同参与”的综合减灾工作联动机制，实现灾害管理方式由部门、区域、环节、学科相分离的封闭式的单项管理向综合、系统、协调式的管理方向发展，建立跨地域、跨部门的灾害信息管理系统和科学的决策系统，大力实施综合减灾。

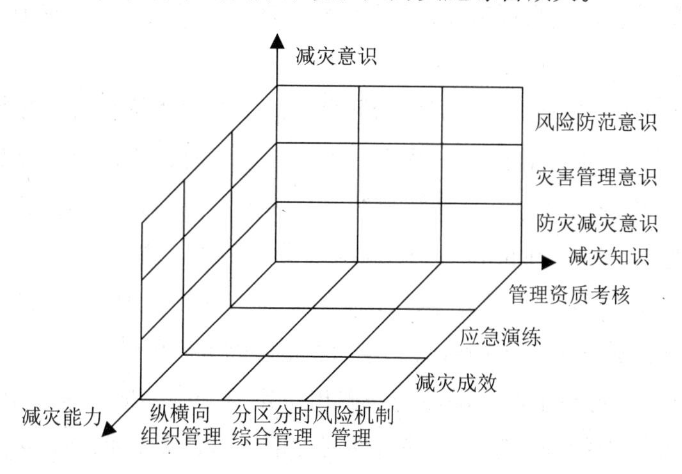

1. 灾害管理人员基本素质需求

(1) 协同、协调能力。

①联系和建立人际网络能力。联系和建立人际关系网络，就是创造有利于自我发展的空间，努力得到别人的认可、支持和合作，并且能为自己提供支持、反馈、观点、资源以及信息。管理者不仅要有很强的专业能力，而且在解决全局性战略问题时需要的是人际关系而不仅仅是管理能力，因此灾害管理人员要注重人际关系网络的建设和联系。

② 说服和影响能力。马雅可夫斯基说“语言是人的力量的统帅”。我们与外界共同和交流，影响和改变着外部世界，言语比行动更为便捷，作为灾害教育的管理者更应该以自身的言语和行为影响周围的人，等到周围人的认可才能管理好一个团队，才能将一个团队凝聚在一起。

③呈现和交流信息能力。信息交流能力是人类所具有的主要特性之一。信息交流是普遍存在的社会现象，人类为了生存和发展，必须不断提高信息交流的能力，建立和完善信息交流的渠道和方式。作为管理者将信息准确无误地传递给其他人是十分重要的一种能力，是管理者社会关系的基本体现，除此之外还要善于交流以获取更多的信息。

④具有团队精神。所谓团队精神，简单来说就是大局意识、协作精神和服务精神的集中体现。任何组织群体都需要一种凝聚力。灾害教育的管理者需要具有团队精神来沟通人们的思想，引导人们产生共同的使命感、归属感和认同感，反过来逐渐强化团队精神，产生一种强大的凝聚力。

(2) 组织、执行能力。

① 领导和监督能力。领导能力和监督能力是灾害管理人员必须具备的能力。领导能力可以看作是一系列行为的组合，而这些行为将会激励人们跟随领导去要去的地方，不是简单的服从。因此说领导能力也是一种特殊的人际影响力，组织中的每一个人都会去影响他人，也要接受他人的影响。灾害管理人员不仅要引导着整个团队的发展方向，还要具备监督的能力，以保证团队的公平和整个团队的工作朝着正确的方向前进。

② 做出决定和采取行动能力。做出决定是一个团队管理人员拿主意、做决断、定方向的领导管理的综合性能力的体现，要具有能从众多的决策

方案中选取满意方案的能力，以及危机时刻或紧要关头当机立断的决断能力。同时要有果断的执行能力，以确保决策的顺利实施。

③达成个人工作目标。无论是一个团队还是个人都会有其自身制定的目标，身为管理人员需为自己制定切合实际的个人工作目标，并且能够顺利地达成。只有具备这样的能力才能领导团队实现共同的目标。

(3) 创造能力

①学习和研究。学习能力即自我求知、做事、发展的能力。灾害管理人员同样需要面对快速发展的社会和迅速更新的信息和知识，因此学习能力十分重要。因为管理的首要职能是决策，决策需要确定最佳方案。只有对获得系统客观的信息数据进行研究才能为决策做准备。所以管理者要具备研究能力。

②善于创新。创新是一种精神，是我们时代鲜明的特征。善于创新的关键是提高创新的能力，而创新能力的提高既有赖于理论的积累，也有赖于实践的积累。灾害管理人员不仅自身要具备创新精神，还要善于激励其他人的“创新力”，带领整个团队不断开创新的局面。

③制定策略。管理的核心是决策，长远目标的实现更需要正确的策略的制定，灾害管理人员要协调和组织整个队伍，既要顾全大局又要照顾个人，因此重大策略的制定是对灾害管理人员能力的综合考验。

④前瞻性思考。前瞻性思考即要有远见能力。要从全局的角度基于现状能够对未来的发展或走向做出谨慎的思考，以此来判断所做的决策是否合理。前瞻性思考的能力要求灾害管理人员具有敏锐的头脑，需要从一堆看似杂乱无章的事情中看清前进的方向。

(4) 适应能力。

①适应和应对变化能力。适应和应对变化的能力表现在这样几个方面：其一，能在变化中产生应对的创意和策略；其二，能审时度势，随机应变；其三，在变动中辨明方向，持之以恒。作为管理人员要在突发事件面前产生应对的策略，以保证整个团队计划的顺利开展。

②处理压力和挫折能力。压力与挫折是每个人都难以回避的问题，需要我们勇于面对。既不能轻视生活中的压力，还要及时调整自己的行为以

适应变化。身为管理者既要面对自身生活和工作中的压力与挫折，同时也要面对来自团队方面的压力，这就要求管理人员具有较强的心理素质能够很好地处理压力，面对挫折。

③现场处置能力。灾害管理人员经常面对的是灾害现场，尤其是对地处东南沿海，灾害发生频率较高、灾害种类较多且灾害破坏性较大的地区，应对和处置突发事件的能力更显得尤为重要。要在最短的时间内最好地处理事件，确保人民的生命和财产安全。

2. 基于纵向、横向协调的组织管理

(1) 减灾组织机构职能简介。

①国际减灾组织机构。美国实行联邦政府、州（50 个州）和地方(8.7 × 104 个地方政府) 的 3 级管理机制。1979 年创设的美国国土安全部联邦应急管理署 (Federal Emergency Management Agency，简称 FEMA) 作为核心协调决策机构，是一个涵盖灾害预防、保护、反应、恢复和减灾各个领域的综合性应急管理系统。其在防灾教育方面的职责包括提供培训、教育与实习机会，加强联邦、州与地方应急官员的职业训练，实施有关灾害天气应急和家庭安全与社会公共教育计划等。2003 年，FEMA 发起的“Ready”项目为个人、家庭和社区提供备灾知识和方法，以应对各种自然和人为灾害的紧急情况。自 2004 年开始，该项目通过每年 9 月“国家预备月”来强化公共应急宣传，还相继联合各种社会团体包括企事业单位、政府机构和社会组织等开辟了面向企业、儿童、老年人、残疾人、军属等不同群体的扩展项目，以更好地满足不同特点的群体对于防灾减灾应急宣传的不同需求。其中，2006 年启动的“Ready 儿童”子项目为父母和老师提供指导，帮助他们给 8 ~ 12 岁的儿童讲解应急知识以及做好家庭应急准备，该项目开发了一系列宣传学习资料，例如面向家庭的应急知识学习网站，以及编写面向 4 ~ 6 年级学生的应急学习材料。2009 年和探索教育（Discovery Education）共同开发的在线教育课程项目——“Ready 教室”为中小学教师提供了将自然灾害应急知识与课程整合的相关资源，包括各种教学活动、课程计划和多媒体工具等。除此之外，非政府、非营利性组织和私人企业，

如红十字会、红新月会国际联合会、Success Link 等也在防灾减灾教育方面发挥着积极的作用。

• 美国红十字会（www.redcross.org），创建于 1881 年，是全球最大的救援组织之一，是全球灾民救援和应急防备体系的一个分支。主要职能分为四个领域，即血液采集、灾难救援、救护战争中的士兵和受害者、社区教育和宣传。

• 灾害管理和人道主义援助卓越中心（http://coe-dmha.org），在灾害管理和人道主义援助方面，提供教育、培训和研究方面的国际灾害管理和人道主义援助。该中心（COE）在亚太地区主要进行援助需求评估、方案的制定和评估、课程发展、会议、培训计划。介绍了许多培训机会和教育中心的支持，特别是灾害应变准备和协调的原则，被奉为埃里克海德经典文本。

• 救济国际机构（www.reliefweb.int），是联合国办事处人道主义事务协调办公室（OCHA），旨在帮助国家机构和非政府组织参与全球抢险救灾，进行灾害预防、准备和响应等工作。

• 联合国人道主义事务协调办公室（http://ochaonline.un.org），负责联合国应对灾害和复杂紧急情况，它公布包括办公室最新的紧急报告、国家 / 地区的紧急信息、宣传协调和应急响应、减灾人道协调厅的出版物清单和培训、会议及研讨会的信息。

• 人道主义预警服务（www.hewsweb.org），联合国世界粮食计划署设置监测世界各地的自然灾害，并有助于解决国际人道主义危机。网站每日更新，提供专业机构公布的旱灾、水灾、热带风暴、地震及罕见事件；它代表一个跨部门的合作项目，旨在建立人道主义预警和预测全球自然灾害及社会政治发展的共同平台。

• 灾害流行病学研究中心（www.cred.be），为比利时鲁汶天主教大学公共卫生学院的流行病学研究中心维护的网络灾害信息数据库。该网站数据库涵盖超过 10000 个灾害记录，按照国家、地区、世界、灾害类型、汇总数据、地图、书目数据库和其他有用的网站链接。

• 太平洋救济（http://www.thoughtweb.com/relief/），由太平洋灾害中心和 Thoughtweb 公司创建，以促进信息共享和协作。

• 应急响应网（http://www.responsenet.org/），旨在为利益相关者和正在进行的人道主义提供准确的、及时的、容易使用的相关信息。

②国家减灾组织机构。国家减灾委员会是国务院领导下的部际议事协调机构，其主要任务是：研究制定国家减灾工作的方针、政策和规划，协调开展重大减灾活动，指导地方开展减灾工作，推进减灾国际交流与合作。国家减灾委员会的前身是中国政府响应联合国倡议于1989年4月成立的中国国际减灾十年委员会。2000年10月更名为中国国际减灾委员会，2005年4月更名为国家减灾委员会。其成员由国务院有关部委局、军队、科研部门和非政府组织等34家单位组成。国家减灾委员会主任由国务院领导担任，办公室设在民政部。

③广东省减灾组织机构。广东省应急管理组织机构包括领导机构为广东省突发事件应急委员会，办事机构为广东省人民政府应急管理办公室，作为专家组为广东省安全生产委员会及其办公室等。

④区域（地、县、乡）减灾组织机构。一般由地、县、乡人民政府组织下级部门开展防灾减灾工作。

(2) 纵向整合机制。

①上下级资源共享相互协同。建立全方位、多角度的信息和数据采集体系——各县、乡建立各自的卫星灾害信息收集系统或通过组织人员进行人工收集，将获取信息逐级上报，省级减灾相关部门整合各地区的灾害数据，建立灾害信息数据库，向省各地统一发放灾害数据。

建立整体化保障体系的应急信息交流平台——积极搭建省内各地区应急管理交流合作平台，上下级在信息共享机制、理论研究与科技开发、专家交流、应急平台互联互通、共同应对区域突发事件等方面紧密合作。

建立统一化的自然灾害应急管理信息系统——省、市政府利用优越的技术手段和国内外先进资源，辅助县、乡级政府建立统一化的自然灾害应急管理信息系统。

②自下而上制定救助系统。建立紧急救助服务系统——逐步完善灾害应急机制，形成了政府主导、分级管理、部门负责、军地联合、社会互助、生产自救的抗灾救灾工作新格局。

建立灾情应急判断系统——为市民和灾难反应建立一个应急预警网络，作为各级政府决策制定者的信息沟通支持，更好地为自然灾害和技术事故等突发事件的援救提供信息服务。

建立救助需求评估系统——省民政局牵头筹建受灾群众社会救助需求评估体系。在认真调研、广泛征求街道、社区意见的基础上，对省各地区进行试评估，并建立全省受灾群众社会救助需求评估体系。该体系从受灾状况、受灾程度、同情程度和已救助程度等四个方面进行评估，并针对不同情况给予一定分值，以此得出受灾家庭的救助需求指数。

建立救灾资金管理系统——按照救灾工作分级负责，救灾资金逐级分配原则，各级政府安排好救灾资金预算，切实负起监管责任，充分发挥救灾救济职能部门的作用，在救灾资金物资监管中加强领导、健全制度、强化管理、突出重点、严肃纪律，创造性地开展工作。要在救灾资金物资管理使用中坚持公开、公正、透明的原则，做到救灾资金物资的接收和分配全过程公开，群众安置政策全面公开。

③自上而下调动人力、物力、财力。建立救灾命令下达系统——重点加强“防灾中心”建设，确保“一个口令、一条渠道、一套机制”参与减灾救灾，以加强部门与部门之间、政府与社会组织之间、民政部门上下级之间的信息沟通和应急协调，凝聚工作合力。

建立救灾过程指挥系统——由省政府实施对重大自然灾害救灾应急工作的统一领导和指挥；调动、整合救灾力量和资源，决定采取救灾应急措施，决定请求上级支援。

建立救灾情况汇报系统——组织灾情收集评估组深入灾区，收集翔实的基础数据；随时掌握灾情的变化情况，及时向指挥部汇报灾情和救灾工作进展情况；做好上下联络及后勤保障工作；及时汇总灾情，组织宣传报道组，做好灾情和救灾工作的信息发布；负责指挥部交办的其他工作。

(3) 横向整合机制。

①各相关部门资源共享。建立特色显著的防灾中心——建设集业务服务、科技创新、技术保障、科研实验、教育培训、应急指挥等为一体的广东省气象防灾中心。

建立可视化网络防灾体系——建成全省统一的气象灾害预警信息发布平台，规范了气象应急服务流程，建立了气象灾害应急指挥中心，拓展预警信息发布范围等，全面加强和构建气象防灾减灾网络体系，更好地满足现代气象业务发展，满足社会对气象防灾减灾工作的新要求。

建立各防灾单位信息联系——信息采集渠道由“单一化”走向“多元化”。由单一的气象部门提供信息变成了公安、民政、教育、卫生、劳保等相关部门整合的一个“多元化”的信息源，从而拓宽了信息渠道，拓展了信息来源。

②各相关部门协同救灾。救援和救助活动对策协同方案——联动各方的领导者需从应急灾害管理的角度进行协作，对各方面资源做出清晰的认知，从而制定出最适用于双方的联动协议。其中，协议清晰的表达各方共同意愿与使命，制定出标准的规范也有助于划分各方在灾难发生之后所承担的职责，进而做出迅速响应。

各部门相关对策审议协同方案——各部门共同建立相关对策审议标准，对各部门在救灾过程中落实救援和救助活动对策协同方案进行审查评估。

救灾措施共同决策指挥协同方案——灾害救助部门进行分工，明确相关职责，制定联动机制，确保灾情发生时减灾救灾工作的有力开展。

(4) 专家组指导与技术支持。

① 应急管理指导。积极参与本专业领域应急管理课题的申报、研究工作。开展应急标准体系建设研究，完成应急平台视频技术分级标准编写工作。结合广东省应急工作需求，分别就突发事件预警预测、信息发布等专题进行深入调研，撰写可供政府决策参考的研究报告。根据减灾新需求，积极参与做好相关立法工作。

②决策建议指导。深入探讨专家组在处置突发事件中的有效介入程序，增强突发事件处置工作的科学性。对特别重大或重大突发事件进行分析、研判和调查，必要时参加应急处置工作，提供技术支持和决策咨询。

③咨询工作指导。根据需要，积极参与突发事件处置的专业咨询和服务工作。参与编写突发事件处置典型案例，评估处置效果，总结处置经验。

④技术支持指导。充分发挥专家组作用，推进落实社会化宣教培训、

科学化监测预警、现代化指挥调度、立体化应急救援、区域化物资储备、专业化应急队伍、法制化制度规范等七个体系建设。积极提供专业技术支持，为完善广东省应急指挥平台升级改造工作提出建设性意见。参与指导各级应急预案制定与修编，做好重点预案演练评估工作。

防灾减灾科普教育力求简单易懂、分出层次

郑轶文

1. 防震减灾科普教育已进入重要发展机遇期

科普教育是整个防震减灾工作的重要组成部分，其发展程度既是全面工作的反映，也必然受制于全面工作的进展，尤其会受到整个防震减灾工作社会环境的影响。我国的地震事业基本上是从 1966 年邢台地震开始的，后来的几十年中，其内涵和外延不断得到拓展，地震事业逐步发展成为防震减灾事业，成为多部门和全社会共同关注的问题，因此研究者探讨问题也以此作为起点。地震研究者认为，可以将防震减灾科普教育工作的发展过程大致分为三个阶段，这三个阶段与防震减灾事业整体发展的社会环境变化是一致的。

第一阶段是 1966—1976 年唐山地震之前。周恩来总理亲临邢台地震现场并语重心长地对大家提出了殷切希望，顿时全国上下掀起了积极参与地震工作的高潮，大批知识分子开始投身地震预报，大批社会群众开始关注地震问题，并促成了 1971 年国家地震局的成立。尤其是 1975 年海城地震预报的成功，把全社会对地震问题的研究和关注的热情推向了顶峰，甚至产生了一些过于乐观的思潮。在这个阶段，地震科普教育工作实际上也在发展，内容主要围绕地球结构和地震预报展开，社会公众积极性很高，愿意主动参与，形成了全民群测群防搞地震的火热局面。这个阶段可以归纳为科普教育工作的良好开端。

第二阶段是 1976 年唐山地震到 2008 年四川汶川大地震发生之前。正当大家沉浸在海城地震预报成功的喜悦中，1976 年 7 月 28 日唐山 7.8 级地震突如其来，谁也无法面对 24.2 万人的生命代价和顷刻之间被夷为平地的城市废墟。学者专家开始更加理性地思考科学前进的道路，地震科普教育工作相对困难，当时的科普宣传教育工作指导方针是“主动、慎重、科学、有效”，并且强调“慎重”。这个阶段经济社会快速发展，国家对防震减灾

的重视程度并没有降低，科普教育工作仍然得到了很大发展，逐步形成了一大批宣教基地，编制了不少宣教作品，培养了一些宣教人才，内容也广泛涉及到监测预报、震灾防御、应急救援等领域。这个阶段可以视为科普教育工作的重要积累期。

第三阶段是2008年四川汶川大地震之后到现在。尽管汶川大地震与唐山大地震都造成了重大人员伤亡和经济损失，但对社会和对科普教育工作的影响截然不同，汶川大地震唤醒了社会认识，以防患于未然为核心的防灾文化正在逐步形成。国家对防震减灾更加重视，修订了《中华人民共和国防震减灾法》，印发了一系列文件，提出了科学减灾、合力减灾的要求。国家主管部门认真贯彻中央精神，进一步把防震减灾工作推向更深层次、更宽领域、更高水平，提出了最大限度减轻地震灾害损失的根本宗旨，提出了防震减灾服务国家经济社会发展大局的融合式发展方式，把能否有效减灾作为检验防震减灾工作的标准，把能否为建成小康社会贡献力量作为衡量工作的尺子，工作思路更加符合国家和事业发展现状，这必将是防震减灾事业发展史上里程碑式的进步！全社会清醒地认识到，地震就是一种自然现象，难以避免，要想减少地震灾害只有做好防范和准备，尤其要在房子盖结实、掌握必要的防震避险知识和技能等方面加强预防。汶川大地震以数万人的生命换来了大家清醒的认识，随后全社会对防震减灾工作的理解和支持空前高涨，科普教育工作进入一个前所未有的积极环境，广大媒体开始主动宣传地震知识，广大群众开始主动了解防灾技能，地震安全示范学校、地震安全社区深入开展，防震减灾科普宣传教育工作的指导方针为“主动、稳妥、科学、有效”，将“慎重”改为“稳妥”，准确体现了社会环境的重大变化。这个阶段可以总结为科普教育工作的重要发展机遇期。

2. 科普教育应力求准确、简单

掌握防灾知识当然是越多越好，但不可能人人都成为专家，因此在宣传防灾知识时，一定要力求准确、简单，便于掌握。由于防震减灾知识涉及面广泛，学科多，包含地球的圈层结构、活动断层性质、地震波的传播、房屋的抗震性能、各种地球物理场的观测分析以及自救互救，等等。因此地震的科普宣传应针对不同人群的需要，总结出公众必须掌握的知识，并运用多种宣传方式传播出来，以取得良好的科普效果。

3. 努力打造简单易懂的宣传作品

众所周知，日本在防灾宣传教育方面走在世界前列，民众在地震灾难面前表现得非常理性。原因在于日本把防灾教育纳入国民教育计划，真正做到了从娃娃抓起。防灾教育已经成为日常生活的一部分，人们无论在饭店吃饭还是住宾馆都把应对突发灾难放在重要位置。然而日本平常用的多是几页纸厚的宣传手册，防灾馆里播放的宣传视频，也是简单明了。

真正有用的科普作品就是精品，受众愿意接受的科普作品就是精品，精品绝对不是追求全面、奢华或者多么专业化。如果一件科普作品过于全面、专业，专业词汇一大堆，动不动就是上百页，肯定不会受到欢迎。防灾减灾宣传作品必须分层次、针对不同对象而有所区别。

4. 防灾减灾科普教育中的三个层次和十个知识点

防灾减灾教育主张一定要扩大覆盖面，力求家喻户晓、人人皆知。有的部门提出“六进活动”，也就是防灾减灾教育“进机关、进学校、进企业、进社区、进农村、进家庭”；有的地方增加了“进军营、进监所”提出“八进活动”，无论是“六进”还是“八进”，受众都是分层次的，关心的内容和接受程度有区别，因此防灾减灾教育应该适应这种区别，分层次进行。

本文以防范地震灾害教育为例，提出在科普教育过程中类似倒金字塔状的三个层次十个方面的基本问题，供同行参考。第一个层次是最基本的几个问题，主要供最普通的人群使用，如农村、社区或楼道、家庭、广场等：

知识点 1　地震是一种自然现象，如同刮风下雨一样，就在身边。

知识点 2　遇到地震不要惊慌，应该学会科学地逃生避险。

知识点 3　不要轻信、传播地震传言。

知识点 4　掌握一些简单的自救互救常识。

知识点 5　房子盖结实很重要。

第二个层次，稍微增加一些科学知识，主要供机关、白领社区、震后宣传、网络宣传使用。在第一个层次基础上增加如下内容：

知识点 6　大地震后有余震是正常现象，注意防范。

知识点 7　自觉遵守《中华人民共和国防震减灾法》。

知识点 8　保护监测环境，重大工程需要地震安全性评价。

第三个层次是最为全面的常识，主要供中小学生和网络宣传使用。

知识点 9　地球结构及地震发生孕育基本原理。

知识点 10　什么样的房屋结构更结实。

上述十个知识点是从科普教育的角度提出来的，作为最基本的内容和重点，以便公众方便接受、易于掌握。

活动策划：探寻防震减灾科普活动新途径
——由举办亲子活动引发的思考

李　妍

“8级地震到底有多剧烈？”“暴风骤雨来了怎么办？”“地震发生时哪里最安全？”孩子们面对种种疑问，在家长的陪伴下通过亲身体验一一得到解答。2015年12月19日上午，由北京市防震减灾宣教中心策划组织，以“探寻吧，精灵！”寻宝活动为主题的2015年防震减灾科普亲子活动，在北京地震与建筑科学教育馆举行，来自北京、陕西、河北的50个家庭参加了活动。

1.“亲子活动”策划背景

我国是地震多发的国家，由地震造成的人员伤亡和财产损失，在自然灾害的破坏中占首位，因此防震减灾的科普教育越来越得到各级政府和社会的重视。但以往的宣传形式主要是上街摆摊、发放材料、知识竞赛、举行演练等为主，有的形式已极不适应时代的发展，而有的又流于形式，效果欠佳。如何在互联网时代充分利用防震减灾科普公共资源激发公众的兴趣，举办发挥真正效益的科普活动是摆在我们面前的重大课题。

为进一步加强少儿和青少年防震减灾地震科普宣传教育，逐步提升公众地震安全素养，北京市地震局策划了“小手拉大手”的宣传教育形式，以教育一个孩子，影响一个家庭，带动整个社会为目标的亲子科普活动向家长和孩子们传播必要的地震科普知识和应急避险的技能，强化地震来了怎么办的意识。通过精心策划、周密安排，借鉴现代科普宣传教育“参与+互动+传播”的理念，根据孩子不同年龄段制定了有针对性、可操作性强的亲子宣传活动实施方案。在北京地震与建筑科学教育馆活动现场，编写地震知识“宝物”答题卡片，通过考察设计了活动海报、活动标识和“寻宝”体验图、任务卡及涂图看等宣传材料；制定活动流程、“寻宝”规则、参赛须知和奖项办法等，利用北京防震减灾宣教中心的互联网地震三点通微博、微信公众平台多元化媒体动态发布活动信息，在微信朋友圈建立亲子活动群，烘托了防震减灾亲子科普活动宣传的热烈气氛。

2. 亲子活动的价值

对举办以“防震减灾”为主题的亲子活动而言，可以激发孩子对防震减灾科普知识的兴趣，通过不同形式的活动内容、活动场地和活动方式，让孩子在家长和组织者的关注下，感受到活动情景如家庭般温暖，产生更强的安全感和大胆探索的勇气。孩子们在安全的活动氛围下，易于产生自由感、成就感，乐于与同伴互动，从而对科普知识积累和运用起到积极的推进作用。

对家长而言，集中时间与孩子互动，一方面可以增进亲子间的感情交流及合作，一方面可以通过参加各类亲子科普教育活动，对家长的知识系统进行更新和积累，促进家长教育理念的提升和方法的改善，为孩子的身心健康发展提供帮助。另外，还可以有效地挖掘家长群体自身的资源，为防震减灾宣传提供互相交流的机会。

对组织防震减灾科普活动而言，如果组织有规模的青少年特别是低龄儿童活动，如夏令营、应急演练，组织者都会担心孩子的安全问题，但是组织亲子活动的好处是家长是孩子安全的第一责任人，一个孩子有一个甚至两个家长陪伴，安全会有充分的保障。只要组织者事先在活动前将注意事项告知家长，无形之中避免了安全隐患。这样，让组织者有更多的精力在亲子活动中通过对家长和孩子互动进行观察，更清楚地了解孩子接受知识的程度和多层次需要，从而有针对性地开展防震减灾科普活动。通过与家长的交流，可以及时完善活动方案和调整教育理念，有利于亲子教育的专业化发展。

3. “互联网 +”与亲子活动结合的新模式

充分利用“互联网 +”O2O 形式。此次“亲子活动”利用移动互联网（微博、微信）进行互动与体验，以体验与知识、知识与传播相结合的方式，在宣传中体验，体验中传播，传播中宣传再体验，即线上召集、互动、参与，线下活动、学习、体验。打造全方位的循环体系，创新活动亮点，增加了体验互动和多种动手操作的活动机会，激发孩子们积极去探寻“知识宝物”，强调孩子安全、主动、愉快地“动起手来”，挖掘孩子蕴涵的教育潜质，更好地达到向儿童普及防震减灾知识的目的。

(1)“亲子活动”内容设计。

活动中，线上自拍与孩子互动的亲子照片截图上传到微博地震三点通，线下充分抓住孩子们喜欢寻求挑战、刺激性的心理，将亲子活动融知识性、教育性和互动性为一体。气氛活跃、节奏紧凑。幼儿组的孩子通过“涂图看”的形式认识应急避难标识图，青少年组的孩子们身临其境体验“地震体验屋”“大自然的力量”“建筑抗震测测看”等展项。活动结合展项知识点内容，让孩子们去探寻展馆内藏有的“宝物”，以答题卡的形式完成“寻宝”任务卡，从而调动“精灵们”积极去找寻宝物，寓教于乐，使孩子们在体验过程中轻松了解地震科普相关知识，增强地震自救互救能力。

(2)“亲子活动”活动分析。

从报名情况看。利用互联网的强大功能和影响力，是这次防震减灾科普活动宣传的主要渠道和出口。此次亲子活动主要利用北京市防震减灾宣教中心的地震三点通微博、微信公众平台随时随地将活动最新进展进行传播。帖子浏览量达几百人，关注或参与“亲子活动”的人数远远超过以往其他形式的宣传教育活动。参加活动的家庭不仅有北京本地的，还有的来自河北、陕西等地。考虑活动现场的情况，北京市地震局将报名人数限制在50个家庭。活动截止后还陆续接到报名信息，这种情况远远超出预期。

从人员分类看。参加“亲子活动”的0～6岁幼儿家庭居多，7～12岁青少年家庭偏少，幼儿家庭因为孩子偏小，受呵护程度高，陪同孩子参加活动的家长至少有两位，也有的是祖孙三代。而青少年家庭的孩子偏大，独立性较强，最多由两位家长陪同。原因分析，五六年级即将小升初或初中的孩子学业比较忙，家长带出来参加亲子活动的意愿小，而幼儿家庭和小学四年级以下的家庭很愿意带孩子出来参加亲子互动活动。所以，0～6岁的幼儿家庭比青少年家庭的参与者范围广、人数多。

从活动效果看。以往防震减灾科普活动形式单一，缺少互动体验环节。而“亲子活动”结束后，在现场和微信朋友圈，家长们不断给出好评。家长们利用自己的微信朋友圈、微博为此次活动点赞，纷纷表示，这种科普形式效果非常好，通过和孩子一起学习，让他们了解防震减灾科普知识和应急避险技能，不仅有益于亲子之间的沟通交流，还对拓展和提升防震减灾科普效果、提高家庭应对地震灾害的能力具有重要意义。同时，家长们还建议像类似这样的亲子活动一定要延续下去。

4. 几点思考

首次开展防震减灾亲子科普活动是防震减灾宣传教育形式的一次创新，利用互联网微博、微信的线上、线下同时互动，使防震减灾亲子科普活动取得了实实在在的效果。由此，在总结这次“亲子活动”的背景策划、内容设计、活动分析的同时，对如何开拓防震减灾科普宣传新途径值得进一步思考和探索。

(1) 活动设计要量身打造。

根据不同年龄阶段孩子的年龄特点、认知特点及心理发展特点，创设不同的有利于互动的游戏教育情境，生成有效的合作性和引导性互动策略，包括参与式、讨论式、建议式、启发式、提问式、示范式和指导性的互动方式，让教育活动具有游戏特点，激发孩子好奇、探索、创造的激情，最大限度地挖掘孩子的学习潜能。因此，组织者要根据活动场景、活动人群量身设计活动方案，通过对“亲子活动”分析，并结合家长建立的微信群进行网络调研。从调研情况看，孩子和家长对第一次防震减灾亲子科普教育活动非常喜爱，强烈希望能够继续开展类似的科普教育活动。让亲子科普教育具有在实践上和时间上的延伸，以引起家长和孩子们对防震减灾科普活动的持久关注。

(2) 活动教育要注重指导。

总结这次“亲子活动”的特点，北京地震与建筑科学教育馆的两位讲解员利用她们扎实的功底、敏锐细致的观察能力和通俗易懂、生动形象且富有幽默感与感染力的语言表达，征服了活动现场的孩子们，使活动现场气氛活跃。所以，组织亲子科普宣传教育活动需要有经验的教育者来进行场外、场内或线上、线下的指导，使宣传防震减灾知识起到事半功倍的作用。

要不定期组织亲子家庭讲座或座谈会，使家长得到更系统、更深入、更有针对性的指导与培训。

(3) 活动过程要把握效果。

在活动过程中，要把活动的每个环节要求、目的、规则等提前告知家长和孩子，让大家在一定的游戏规则指导下开展活动。每个环节都要实现活动与指导的融合，环节时间的长短要把握好，让孩子们的好奇心和兴趣的生长点充分发挥，充分调动所有参与者的激情，使家长和孩子的积极性、主动性和创造性发挥到最大。活动结束后，要开展调研，以回收活动设计书为调研内容，并结合网络、面访等方式，认真进行研究和总结，不仅可以找到新的活动主题，还可以为以后开展活动积累经验。

(4) 弘扬减灾文化的新举措。

从科普实践的意义看，优化和整合资源开展系列亲子科普教育活动不仅是科普教育实践的创新，也是宣传防震减灾科普场馆的重要途径，我们可以通过组织系列丰富多彩的亲子活动，扩大防震减灾科普场馆的知名度和影响力，从而带动当地防震减灾文化的发展，有利而无害。如到四川参观汶川地震后新修建的防震减灾科普教育馆，到郊区县的防震减灾科普宣传教育基地开展形式多样的亲子活动，并开设“亲子俱乐部”、举办“亲子郊游”等。总之，开展亲子科普活动在形式上要注重生动、活泼、有效、实用，为家长和孩子的共同成长提供丰富的具有实物体验的宣传教育环境和健康的心理环境，促进家庭间以及家庭与教育者间的互动。

产品创作——电脑动画技术在防震减灾科普中的应用

罗晓播

1. 运用电脑动画技术创新科普宣传形式

近些年，我国各地防震减灾科普活动形式多样，各类防震减灾科普作品层出不穷，科普宣传呈现全方位发展的良好态势。但在科普宣传中依然存在着诸多问题，如科普的技术手段落后，方法简单，重形式不重效果，而且过多地以教育者的角色定位，硬性地、呆板地向受众灌输知识，缺少积极主动地引导，等等，从而影响公众的参与热情，达不到应有的宣传效果。

防震减灾科学普及是一种社会教育。作为社会教育，它既不同于学校教育，也不同于职业教育，其基本特点是社会性、群众性和持续性。防震减灾科学普及的特点表明，科普工作必须运用社会化、群众化和经常化的科普方式，充分利用现代社会的多种流通渠道和信息传播媒体，不失时机地广泛渗透到各种社会活动之中，才能形成规模宏大、富有生机、社会化的大科普。

众所周知，防震减灾科普受众群体中绝大部分为普通民众。如果传播内容过于专业化，抽象的科普知识不能形象表达，就会令人感到晦涩难懂，阻碍了普通公众对防震减灾知识的理解，使防震减灾知识在人们的头脑中形成高高在上的感觉，大大降低了人们接触防震减灾知识的热情。因此，防震减灾科普要充分考虑受众的需要，把防震减灾科普知识从简单宣传，提高到有趣宣传，才能收获良好的宣传效果。

如何才能达到这样的效果呢？其实不难，在科技发达的今天，能够解决问题的办法很多，其中利用电脑动画技术辅助防震减灾科普宣传便是手段之一。电脑动画在防震减灾科普中的应用，可以说是防震减灾科普传播方式的一种创新，这一充满活力的艺术表现形式将逐渐成为防震减灾科普作品创作的重要载体。

2. 电脑动画的特点

近些年来，随着计算机技术的快速发展，电脑动画已经在科普作品制作中扮演了越来越重要的角色。相对于传统动画，电脑动画不受时间、空间、地点、条件的限制，这一特点直接决定了它能把复杂的科学知识、抽象的概念用高度集中、简化、夸张、拟人等手法加以具体化和形象化，把摄像机拍不到或者很难拍到的内容用生动、形象的动画表现或演示，以达到很好的效果。科普动画不仅基于一定的科学基础，还融合相当的审美享受，同时具有相当强的吸引力，在科普宣传推广上发挥着极其重要的作用。

电脑动画是指采用图形与图像的处理技术，借助于编程或动画制作软件生成一系列的景物画面，其中当前帧是前一帧的部分修改。电脑动画是采用连续播放静止图像的方法产生物体运动的效果。电脑动画的关键技术体现在电脑动画制作软件及硬件上。

电脑动画制作软件目前很多，不同的动画效果取决于不同的电脑动画软、硬件的功能。虽然制作的复杂程度不同，但动画的基本原理是一致的。

3. 电脑动画的分类与制作

电脑动画分为二维动画和三维动画。

二维动画技术发展经过了很长一段时间，在传统技术方面已经非常成熟。传统二维动画是画在纸上，在赛璐璐片（亦称“明片”）上描线、上色。摞在画好的背景上，用电影摄影机逐格拍摄，然后冲洗底片，印成正片，在专业放映机上放映。1957 年以来，上海美术电影制片厂制作的水墨动画片《小蝌蚪找妈妈》，随后制作的彩色动画长片《大闹天宫》（上、下集）曾经享誉世界。

但是由于传统二维动画工序多，工艺技术要求高，任何一个环节出了差错，都会导致返工，而且往往不能及时发现，直到放映在银幕上才知道。也就是说，如果我们拍一个 10 秒的镜头，在它的第一秒内发生了一个不能容许的差错，由于不能在放映前发现，仍会小心翼翼地继续后 9 秒的无效劳动，因此，传统动画的返工率是比较高的。电脑时代的来临，让二维动画得以升华，可将事先手工制作的原动画逐帧输入电脑，由电脑帮助完成描线、上色的工作，并且由电脑控制完成记录工作，弥补传统二维动画的不足。

三维动画与二维动画相比，在二维动画的基础上增加了立体和空间的效果，它具有高超的形体设计能力、丰富的质感表现力以及震撼的视觉效果。电脑动画技术的优势主要表现在以下几个方面：一是电脑绘画技术的应用保证了二维动画在设计、制作过程中图像、色彩、背景、动画等新构思的实现和发展，提高了其整体的艺术性；二是电脑电子配乐的应用使二维动画在制作中的后期音乐配置更加完善和丰富；三是三维动画技术在二维动画中的应用具有独特艺术性表现，是很好的动画制作应用技术。

(1) 二维动画制作。

二维动画是平面上的画面。纸张、照片或计算机屏幕显示，无论画面的立体感多强，终究是在二维空间上模拟真实三维空间效果。

在防震减灾科普节目的制作流程中，一些简单的二维动画可以通过非线性编辑软件直接制作，更多的一些二维动画可以通过专门的动画制作软件，如 Flash 等进行制作。输入和编辑关键帧，计算和生成中间帧，定义和显示运动路径，交互给画面上色，产生特技效果，实现画面与声音同步，控制运动系列的记录等。

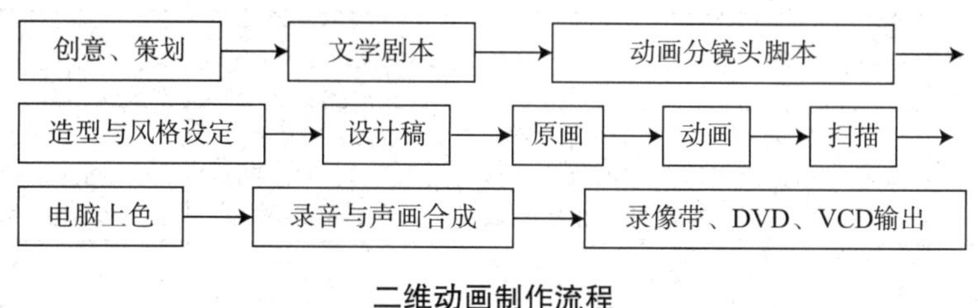

二维动画制作流程

以 Flash 为例，二维动画制作的过程需要三大环节：前期的准备，即设计、筹划阶段，中期的绘制阶段，后期的合成输出阶段。整个创作过程涉及多方面的内容，如剧本的编写和分镜头脚本的绘制，造型、场景、动作的设计，音乐的编创等。

① Flash 动画的设计、筹划阶段。这一阶段是 Flash 动画创作最关键的环节，也是动画成功的关键，主要包括作品的构思和创意、文学剧本的创

作、分镜头脚本的设计、造型场景设计。其中，文字剧本是一部影片的灵魂，是导演拍摄的基础；而分镜头脚本又称故事板，它体现的是导演创作风格和故事内容的画面。前期还有一项很重要的任务是美术设计，包括造型设计、场景设计和整体风格的设计。

②中期绘制阶段。中期绘制阶段包括原画、动画、扫描和电脑上色。对原画的绘制一般有两种方法：一种是直接在电脑中绘制，可以在 Flash 里直接画，也可以使用其他功能更强大的矢量绘图软件，如 Illustrator 等；另一种是先将人物的各主要姿态在纸上手绘完成，再将原稿扫描，通过在软件中的描摹将位图转化为矢量图，同时在绘制过程中注意条线的细节处理。对于动画的实现同样也需要这两种方式的配合使用。由于 Flash 动画的动作相对简化，所以使得很多动作可以直接在 Flash 中利用其功能实现。在具体的制作中，可以将人物形象从关节处进行拆解，制作成独立的元件，这样在以后的一些动作中只要挪动一下位置，或进行旋转就可以解决问题。另外，将一些静态元素或动态单元做成元件，就可以在后面的动画中重复利用，这样既节约了动画创作的时间，也减化了动画制作的难度。动画中需要的场景根据风格的表现，可以使用不同的方法。

位图与矢量图比较

图像类型	组成	优点	缺点	常用制作工具
位图图像	像素	只要有足够多的不同色彩的像素，就可以制作出色彩丰富的图像，逼真地表现自然界的景像	缩放和旋转容易失真，同时文件容量较大	Photoshop、画图等
矢量图像	数学向量	文件容量较小，在进行放大、缩小或旋转等操作时图象不会失真	不易制作色彩变化太多的图像	Flash、Illustrator等

③后期合成输出阶段。包括录音与声画合成，录像带、DVD 和 VCD 输出。Flash 动画多用于网络传输，因此对文件量的控制显得尤其重要。比如在绘制阶段对线条、颜色等的优化，以及对元件的使用等。在后期视听效果的整合过程中，对一些比较简单的短片来讲，Flash 本身就可以完成这些任务。但要是想做得精美，可以将 Flash 中设计好的场景保存成一段一段

的视频文件，再借助如视频编辑软件 Adobe premiere 和图形视频处理软件 Adobe After Effects 等，对动画进行音、视频的最终整合，使得动画的整体效果更趋完美。

(2) 三维动画制作。

三维动画中的景物有正面、侧面和反面。调整三维空间的视点，能够看到不同的内容。

三维动画是根据数据在计算机内部生成的，而不是简单的外部输入。三维动画的制作流程与二维动画基本相似。第一步为作品的构思和创意阶段，第二步为文学剧本的创作，第三步为动画分镜头剧本（故事板）的绘制，第四步为形象、场景和道具的设计，第五步为建立形象和场景的三维模型，第六步为动画创作，第七步为建立好的三维模型贴材质、设计灯光，第八步为动画分镜头的合成渲染，第九步为动画、背景和音效等的合成，第十步为动画片的输出（包括输出为 DVD、电影胶片、电视的 BATE 磁带或网络格式等多种形式），第十一步为播放。

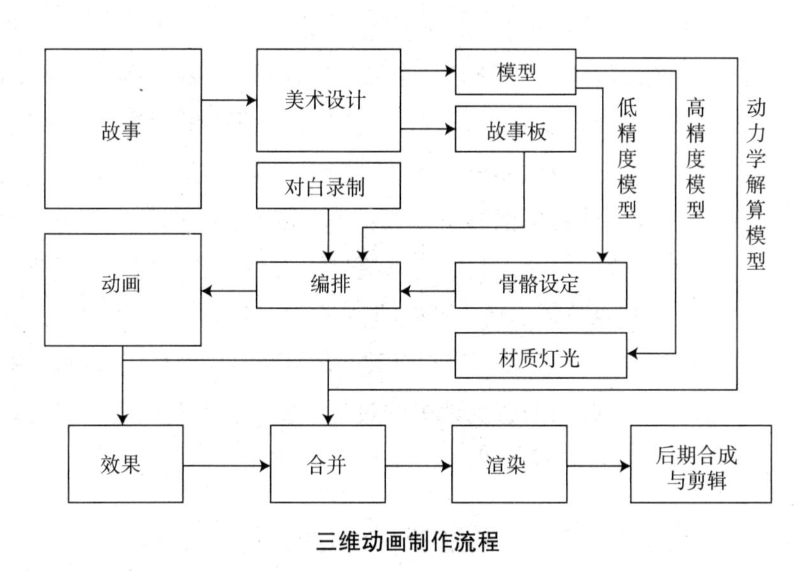

三维动画制作流程

在三维动画制作的十一个步骤中，其中的建模是动画师根据前期的造型设计，通过三维建模软件在计算机中绘制出角色模型。3D 建模通俗来讲就是通过三维制作软件虚拟三维空间构建出具有三维数据的模型。这是三维动画中很繁重的一项工作，需要出场的角色和场景中的物体都要建模。建模的灵魂是创意，核心是构思，源泉是美术素养。通常使用的软件有 3ds max（基于 PC 系统的三维动画渲染和制作软件）、AutoCAD（自动计算机辅助设计软件，用于二维绘图、详细绘制、设计文档和基本三维设计）、Autodesk Maya（世界顶级的三维动画软件，不仅包括一般三维和视觉效果制作的功能，还与最先进的建模、数字化布料模拟、毛发渲染、运动匹配技术相结合）等。

动画是根据分镜头剧本与动作设计，运用已设计的造型在三维动画制作软件中制作出一个个动画片段。三维动画的“动”是一门技术，其中人物说话的口型变化、喜怒哀乐的表情、走路动作等，都要符合自然规律，制作要尽可能细腻、逼真，因此动画师要专门研究各种事物的运动规律。

渲染是指根据场景的设置，赋予物体的材质和贴图、灯光等条件，由程序绘出一幅完整的画面或一段动画。三维动画必须渲染才能输出，造型的最终目的是得到静态或动画效果图，而这些都需要渲染才能完成。渲染通常输出为 AVI 类的视频文件。

三维动画凭借这些优势在科普片中的应用具有比二维动画更大的空间。我们可以通过 3ds max、maya 等软件，让物体根据我们的想法“运动”以达到理想的状态。例如实现地震波科普动画演示：地震时在地球内部出现的弹性波叫作地震波，这就像把石子投入水中，水波会向四周一圈一圈地扩散一样。根据地震波的定义，我们可以提炼出表现地震波的关键要素，先在“震源”中心出现纵波，然后出现横波，它们以疏密相间的叠加形式向外传播直至减弱消失。制作中如何表现纵波、横波出现的顺序及传输的速度，如何体现出波动的由强到弱直到消失的过程，使用什么样的材质进行渲染表现等都是三维动画可以解决的。

4. 电脑动画技术在防震减灾科普中的价值

(1) 增强可看性及易受性。

每个民族在各个时期都有自己独特的接受心理和审美习惯，因此，创造动画形象的那些“想法”只有适合大众的收视心理和审美趣味，才有利于科学知识的传播。借助生动活泼的卡通形象，突破单一的科普讲解，用讲故事的手段，以故事化的方式加以演绎，可以极大地增强科普片的可看性。同时，也改变了以往受众接受科普片时，对知识是否理解的紧张心理，增添了快乐的元素，达到寓教于乐的目的。

(2) 辅助教学演示。

免去制作大量的教学模型、挂图，便于采用交互式、启发式教学方式，教员可根据需要选择和切换画面，使得教学过程更加直观生动，增加趣味性，提高教学效果。

(3) 情景再现功能。

把不能得到的影像资料、深奥晦涩的原理公式抑或无法实景拍摄的历史事件，通过电脑动画技术，再现它的场景、过程、氛围，解析其内部原理。例如影片《唐山大地震》中的“唐山全貌”“蜻蜓阵”“房屋倒塌”“主楼倒塌”等都运用了大量的情景再现和三维动画，从宏观上表现了这场灾难的惨烈程度，大大加强了影像在叙事中的表现力。目前，国际上有70% ~ 80% 的纪录片采用的是“情景再现”和三维特技等手段，而事实也证明这样的纪录片紧紧抓住了观众的心，强化了纪录片的故事性和观赏性。

(4) 互动性强。

以 Flash 动画为例，Flash 动画是一种矢量动画格式，具有体积小、兼容性好、直观动感、互动性强、支持 MP3 音乐等诸多优点，是当今最流行的 Web 页面动画格式。鉴于其互动性强的优势，我们可以通过 Flash 动画技术以互动动画方式在互联网上传递日常应急避险知识。如以应急避险科学知识为基础，设计创作出城市生活中的典型急险情景与场景，使用户在“情景”中感受相应的紧急状况，从而引导公众做出科学的、正确的处理方案。

5. 制作防震减灾科普动画的要求

(1) 选题要求。

创作防震减灾科普动画时，选题的范围是很广泛的，但绝不等于创作方在选择知识点时不受任何限制。其一，创作方必须选择成熟、正确的真科学，并应尽可能地选择自己熟悉且能够掌握的东西来创作。这样可以保证内容的科学性，避免知识出现差错。其二，要与时俱进，结合现实生活选择观众最关心的议题来创作。以宣传《中华人民共和国防震减灾法》为例，虽然《中华人民共和国防震减灾法》相对枯燥，与民众有一定距离，但可以选择其中民众关心的知识点来制作动画片。比如就老百姓关注的房屋质量问题，可以策划一档与法相关的震害防御科普动画片，让民众了解我国对于民用建筑物抗御地震破坏的设防准则。

(2) 科普知识应更好地融入情节。

紧紧围绕知识点，构架故事情节，应当避免故事与知识点脱节的现象。科普动画片中，科普知识和故事情节两者必须达到有机结合，高度统一。防震减灾科普动画也不例外，动画是为防震减灾科普知识服务的，动画不能为动画而动画，必须围绕知识点来展开故事情节，每一个情节都是为知识点服务的，要么反映知识点分解后的一个方面，要么起到知识讲解的阶段铺垫作用。脱离知识点为中心的防震减灾科普动画是没有灵魂的。在故事情节的构架上，要多借鉴优秀科普动画或科普片成功的因素，通过具有张力的情节高潮来进行戏剧化的表达，尽量避免解释性的旁白、解说，而是精心地设计不同的情节场景来叙事。

(3) 创作队伍的素质要求。

防震减灾科普动画的专业性，要求创作队伍不仅要具有过硬的动画创作技能，还必须深入了解创作中的防震减灾科普知识。在此前提下，才能保证前期策划做出合适的选题、提案，撰写出合格的剧本，后期制作出恰如其分的动画表现。

总的来说，电脑动画技术产生的神奇魅力是无限的，电脑动画技术的发展正在趋向于规模化、标准化、网络化。电脑动画市场是巨大的，有着无限的开发潜力。所以，将防震减灾科普与电脑动画技术结合，对促进防震减灾科普宣传的全面发展，具有很好的实际意义。

新媒体在地震科普宣传中的角色与作用

谭　阳

随着多媒体、全媒体、自媒体等互联网技术的不断开发与应用，像微博、微信、手机 APP 等这样的新媒体，已经成为现代人们社会生活的必要装备。“双微”网络信息平台已成为当今时代的宠儿，受到人们的青睐。因此，如何利用新媒体做好地震科普宣传工作，已成为一项重要的工作任务。为更好地发挥新媒体的作用，减少负面影响，唯一的选择就是了解它、适应它、利用它，因此，必须对新媒体在地震科普宣传中的特点、角色、作用进行认真分析，并在此基础上加以利用，及时主动回应社会关切问题。

1. 新媒体的概念及特点

首先，新媒体的“新”，是一个时段性概念，是指一段时间内网络科学技术的发展和应用。新媒体的发展是依附在互联网技术发展之上的，有了网络技术，才有了新媒体。现在的新媒体特定是指在计算机信息处理技术的基础上出现的媒体形态，以及在网络基础上延伸的媒体形态，如无线移动网络，这都可以称之为新媒体。但是，它不会终结在数字媒体和网络媒体，随着科学技术的发展，将会发生许多变化和进步，现在的新媒体也会成为历史。或许，在未来它会变成数字化，虚拟化，甚至是不存在的东西。

其次，新媒体的“新”，也是一个相对概念，是相对于“旧”媒体（传统媒体）而言，所产生的传播技术和应用平台。它不再是具体的实体产物，而是向数字化、移动化发展。新媒体完全打破了传统媒体“一对一”的线性传播，是一种“一对多对多”的病毒式（裂变式）传播，其影响的广度和深度远远超过任何一种已有媒介，大大改进了传统的宣传方式。

微博、微信这些新媒体的主要特点是常常集信息的接受与传播于一体，使得传统媒体的“我播你看”的单向流动，向“大众参与”的传播模式发展变革。无论是参与网上讨论、转发手机朋友圈，都可以在极低成本投入的情况下达到广泛而实在的宣传效果。

2. 使用新媒体开展地震科普宣传工作的意义

地震科普宣传工作是一项特殊的社会公益事业，关系人民生命财产安全，关系经济发展和社会稳定，也是防震减灾工作的一项重要基础性工作，是全社会的共同责任。认真开展地震科普宣传工作，不断提高全民防震减灾意识，是防震减灾工作的一项永恒主题。地震科普宣传工作的目的在于普及地震科学知识，宣传国家的地震工作方针，提高公众的应急避险能力，增强全民防震减灾意识。加强地震科普宣传工作，能使全社会和广大人民群众把科学的思想和减灾的技术运用到实际生产生活中，推动全社会参与防灾减灾体系建设。

目前，地震系统广泛使用微博、微信、APP软件等新媒体平台，主要是看重它的三个主要功能：科普信息服务、沟通关系、引导舆论。

由于新媒体作为一种新兴的宣传媒体，已经成为人们生活、工作和学习的重要平台。它的文字、图片、色彩、视频、虚拟现实等功能，可以让大众非常方便和生动地看到地震科普宣传内容，达到真正的有声有色，使受众能够更加直观地体验，大大增强地震科普宣传的实效。新媒体既是服务窗口也是沟通工具，既可以为公众提供防震减灾知识，也可以增加公众对防震减灾工作的了解，同时对社会舆论也能起到很好的引导作用。

3. 新媒体在地震科普宣传中的角色

拿当前被人们运用得最得心应手的微博、微信来说，人们通过随身手机可以在第一时间接受外界信息，并运用手机输入文字，拍摄照片和视频，在第一时间、第一现场，通过“双微”向朋友、社会传递实时的信息。这就对地震科普宣传工作显示出了巨大的吸引力和实用性，尤其在地震救援工作中，微博、微信等新媒体更是扮演着第一现场播报者的角色，它们成为信息聚合的重要渠道，对信息传播、组织救援、动员救灾等起到了重要的作用。因此，在地震科普宣传工作中，新媒体可以影响大众获取地震知识的方式、宣传的内容、普及范围，以及影响着科普宣传的效率和效果。同时，新媒体也填补了传统媒体在地震信息反馈功能上的空白，成为突发性灾害事件中不可或缺的媒介渠道。

当然，新媒体虽带来了传播内容的极大丰富，各种信息也被拓展到了前所未有的深度和广度，但是，新媒体在信息传播中也出现了议题分散、断章取义、谣言滋生、消息虚实性等问题。对此，我们需要加强监控，建立信息纠错机制，尽量减少新媒体传播中的不良现象。

4. 新媒体在地震科普宣传中的作用

地震科普宣传分为科学知识的一般普及，以及在应急状态下的舆论引导。

地震科普宣传工作很大一部分集中在科学普及上，而科学普及则依赖于宣传。只有宣传到位，才能达到最大化的效果。新媒体可以轻易做到随时发布并即时滚动更新各种消息，通过普及科普知识、树立社会形象、建设科技宣传阵地，不断更新内容，设置专题区域，拍摄视频报道，设置在线答疑等，运用这些宣传手段、无形的广告，提高地震科普宣传的影响力。

在应急状态下，尤其当一些地方突发重大地震事件时，地震工作往往会迅速受到社会公众、各类媒体的关注和追踪，并形成较强的舆论态势。在传统媒体时代，只要地震发生，几乎所有的主流媒体都奔赴灾区集结报道，短时间内媒体扎堆报道，容易带来挤占道路、物资等重要救灾资源的问题，以及在报道中过分渲染灾情，使舆论变得焦躁不安。现在，新媒体就很好地弥补了传统媒体在资源占用上的不足，提高了信息的实效性，还能通过强大的互动性凝聚力量，引导舆论走向。在这个过程中，地震新媒体不但要及时报道消息，满足公众的知情权，而且要安抚大众，维护正常的社会及救灾秩序，引导各方面妥善处理事件，解决问题。这也是它所应承担的社会责任。

随着新时期科技宣传环境和大众传播媒介的快速发展，在新媒体环境下地震科普宣传工作也面临着很大的压力与挑战。地震宣传工作的参与者肩负着“普及科学抗震防灾知识，提高全民防震减灾意识”的责任，应当积极利用新兴媒体的各方面优势，将其传播作用充分发挥出来，并配合传统方式进行地震科普宣传，将其打造成为重要的科普宣传平台和舆论宣传阵地，探索新办法，开辟新途径，不断开辟地震科普宣传工作的新局面。

政务网站的建站及运维

刘　钢

政府网站的主要功能就是在互联网上提供信息发布、服务办事、政民互动等主要功能。同时，随着新技术的发展，需要提供更加智能和更多渠道的服务。政务网站考核指标中，提出了信息公开（基本信息公开、重点信息公开）、互动交流（意见建议、领导信箱、互动访谈、调查征集）、舆论引导（热点回应、政务微信、政务微博）、网站功能与管理（网站架构、站内搜索）、用户满意度等考核内容。

1. 建站的必要性

(1) 加强门户网站建设是提升形象的重要抓手。

用户是政府网站的最终使用者和评价者，在某种程度上处于“顾客”地位，用户需求就是政府网站的“航标灯”。因此，需要以用户需求为导向，按照政务网站考评要求和政府网站建设与管理规范，进一步深化发展信息公开、网上办事和政民互动的功能应用，打造透明、服务和民主政府，提升网站绩效水平，树立行业良好形象。

(2) 借助网站提高管理和服务水平。

随着网络技术的不断发展，网站工作量的不断加大，社会公众对政务网站的进一步关注，政务信息化对网站建设提出了更高的要求，因此，应集中力量运用新技术、新应用打造服务型政府门户网站，更好地为社会公众服务。

(3) 国家政策发展的新要求。

中共中央办公厅、国务院办公厅印发的《2006—2020 年国家信息化发展战略》中指出，信息化建设要整合资源；《国家电子政务“十二五”规划》中指出，要强化政务信息资源开发利用，建设高质量政务信息资源，加强政务信息资源管理，大力推动信息共享和政务信息资源社会化利用。

2015 年 3 月，国务院办公厅印发的《国务院办公厅关于开展第一次全国政府网站普查的通知》中指出，要摸清全国政府网站基本情况，有效解决一些政府网站存在的群众反映强烈的“不及时、不准确、不回应、不实用”等问题；同时，全国政府网站普查评分表中对于网站可用性、信息更新情况、互动回应情况、服务使用情况等给出具体指标与分值，其中站点无法访问、网站不更新、栏目不更新、严重错误、互动回应差等五项为单项否决指标。

2. 回应公众需求

目前，我国政府网站正处于向以服务为导向发展的关键阶段，这个阶段网站的发展情况直接关系社会公众对政府的关注度和满意度，现阶段政府网站已成为打造阳光政府、构建和谐社会的重要渠道。

(1) 建设网站服务基础平台，建立、优化平台性能、建立完备的功能，不断强化外网平台服务内容的实用性、规范性、有效性。提升网站的服务能力，不但要便于管理员管理维护，更要提高网站服务平台的服务效率和质量。

(2) 增强网上办事服务职能，对热点办事事项实现场景式服务导航、结果公示、在线查询等功能，便于用户使用。

(3) 完善公众互动系统，建立、整合互动渠道资源，规范互动保障机制，加强政民互动，形成政民共建模式。

(4) 提升网站的服务能力，为社会公众提供可用的智能搜索功能，增强用户访问体验。

(5) 充分利用移动互联网等新技术，建设政务微信平台和手机网站，提供实用的信息服务，拓宽信息发布渠道，建立信息反馈和评价体系。

3. 建站流程及运维

(1) 栏目结构。

栏目结构需突出政务公开、办事服务和互动交流三大模块，这样才能做到统筹全局、突出重点，并对不同的工作对象具有良好的导向性、针对性，帮助浏览者更便捷、高效地找到想要的内容，提高工作效率，提升网站的视觉效果和用户体验。

(2) 页面设计。

网站页面风格设计大气、布局合理，符合当时的网站设计思路。随着时代的发展，网站在交互、体验、信息的展现样式方面都应有所体现。

(3) 浏览器兼容。

在使用不同浏览器时，如谷歌、火狐、360 等浏览器等，应保证页面正常、格式规范、内容完整。

(4) 后台管理。

网站后台管理系统具体表现在稳定性、扩展性和安全性差等方面。后台管理系统在网站建成后应满足网站管理、信息发布、专题制作等业务需求。

管理系统应提供基础模块、系统模块、模块选件和更多可开发模块，可轻松实现和其他应用系统的无缝集成，实现统一用户、统一 Session、统一权限管理等功能。解决编辑器内容排版问题、信息共享问题、网站页面改版效率低、不支持手机网站信息发布等问题。系统需具有栏目管理、内容采编发、模板管理等基本功能，提供方便快捷的可视化模板编辑、所见即所得的文章内容编辑、一键转载、可视化工作流程定制等功能，还可进行专题制作、资源库管理、系统管理、权限管理等。

• 栏目管理。

①系统可清晰展现栏目结构和站点归属的关系，并提供多种栏目导航方式，方便用户查找及相应管理操作。

②系统实现栏目管理对信息发布良好支撑，支持栏目复制、隐藏、移动、导入和导出管理等功能。

③ 栏目支持直接连接到外部链接，可满足不同栏目的发布需求。

④栏目支持 RSS 聚合。

• 内容采编发功能。

①系统可实现所编辑内容的“所见即所得”，拥有符合普遍编辑习惯的文档编辑器，并可即时查看页面预览效果。

②系统支持文档录入、浏览、修改、删除、导入、导出等操作，文档可调整保存位置，拥有丰富的文档引用、复制、移动操作功能。

③文档录入应支持复制、粘贴的功能，可添加多幅图片及文档附件，支持插入超链接、表格、图片、符号、HTML 代码、音频、视频、Flash 动画等元素。

④支持从 Word 文档中直接粘贴内容拷贝到编辑器中，并可根据情况选择是否过滤掉无关的格式代码。

⑤ 内容采编可支持文章录入、外部链接、附件下载等方式，以满足不同的应用需求。

⑥系统提供一键排版功能，自动过滤掉无关格式代码，并实现首行缩进、段落之间增加空行等中文编辑使用特点。

• 信息发布。

系统支持动态、静态混合发布功能，这样，对于网站新闻类信息，采用静态发布方式，而对于交互类功能，则可以实现动态发布，很好地解决了纯静态发布或纯动态发布的问题，满足网站发展需要。

①系统支持站点发布、分级栏目发布、信息单独发布等发布操作，并可以指定文档发布后在页面显示的顺序。

② 系统可支持静态化发布、动态发布和动态、静态相结合的多种发布方式。

③支持压缩、加密发布，支持 Gzip 压缩算法的信息发布管理。

• 多终端信息发布。

为了实现将文章同时发布到多个访问终端，系统支持将文章一键同时发布到微博、微信等社会化媒体，实现信息共享功能。

• 专题管理。

为方便专题制作和管理，系统提供静态专题管理功能，实现专题创建、制作、删除、发布等功能。

静态专题管理模块支持不通过客户端进行编辑，直接采用 B/S 方式制作专题模板的功能。系统支持编辑人员直接在内容采编发功能中将文章发布到所对应的专题栏目中。管理员能够修改专题模板中的多种专题属性，如专题图片、模板中相应的文字等，支持专题结构的复制、专题模板的自动关联功能。

①支持直接上传 Gzip 压缩包的形式上传专题。

②支持为专题选择所属的频道。

③支持频道和文章两种形式的专题，文章类专题会自动添加到相应频道中，发布类型允许为草稿或发布状态。

• 资源库管理。

为了提高系统中资源的使用效率，系统支持对图片、视频、附件等资源进行统一管理：

①将日常信息发布过程中使用的图片、视频、音频、文件等进行统一管理，提高信息资源的使用效率，减少资源冗余。

②支持资源的单个、批量处理操作（上传、删除等）。

③可以通过分类、授权等方式对资源库进行安全控制。

④管理员可根据业务需要，实现图片新闻、视频点播、电子书阅读等多种资源发布及展示效果。

• 统计考核管理。

统计考核是在网站后台管理系统中，对各子网站、各栏目、用户发布的数据进行汇总与统计的功能，系统提供丰富的统计指标，并支持统计图表生成、统计结果检索等功能。

系统支持灵活构建符合业务需求的统计分析模型，如按频道、按站点、按用户统计，并能够形成多种统计图形，轻松实现绩效评估，能够提供准确、翔实、多样的统计分析模型，包括如对信息员发布信息的统计（文章总数、字数、图片数等）、部门更新量的统计、对文档点击率的统计、对信息评价程度的分析、对采集数据量的统计、对信息占用空间的分析、对栏目访问热度的统计、对栏目更新及时率的分析、对使用模块量的分析等。可对各子网站、各栏目、用户发布的数据进行汇总与统计的功能，可按照站点、单位、栏目、工作组、用户等多维度进行工作量的统计；系统提供丰富的统计指标，支持统计图表生成、统计结果检索等功能。

系统可为每个栏目分配一定的独立分值统计，可按部门、人员进行工作量分值汇总；能够实现按单位、用户、栏目、时间进行情况查询明细；在统计计分时能够按照信息来源和用户名进行统计计分。

用户行为分析，是指在获得网站访问基本数据的情况下，对有关数据进行统计、分析，从中发现用户访问网站的规律。

用户行为分析服务具体包括网站访问量分析，页面访问量分析，访客访问路径分析，访客停留时间分析，访客来源及客户端环境分析，以下分别加以介绍：

网站访客量（UV）：可以统计出访问某网站的总人数和当日人数。

页面访问量（PV）：可以统计出访问某页面的总人数和当日人数。

访客访问路径：可以统计出访客访问的路线，如先访问了“首页”，再访问了“信息公开”，又访问了“依申请公开”，系统都会记录下来，这样一来，对访客的访问路径就一目了然了。

访客停留时间：访客在每个页面上的停留时间，系统也会记录下来并在页面加以展示。

访客来源及客户端环境：有的访客是从百度搜索进行访问的，用的是XP操作系统；而有的访客是输入网址访问网站的，用的是win7、win10等操作系统。对于这些访客的来源及客户端环境，系统都会记录下来，并在页面上进行展示。

访客来源分析：系统支持对访客来源进行统计分析并以饼状图、柱状图等形式加以展示。经过访客来源分析，对访客的主要来源和其他来源就可以做到心中有数了。

(5) 网上办事。

网上办事平台，优化办事指南、网上填报、表格下载和办事查询等功能，对热点办事事项实现场景式服务导航、结果查询、事项分类等功能。

(6) 公众互动。

对公众互动平台进行升级改造，实现领导信箱、意见建议、调查征集、互动访谈等功能，通过网络加强与公众的沟通、交流，了解舆情民意，推进决策与行政的民主化，从而更好地为民众服务。

(7) 智能搜索。

智能搜索系统的功能主要包括：

①支持网站群的搜索功能，能够实现对文本、HTML、RTF、Office文

档、PDF 等多种文件和数据库内容进行全文检索。

②分词索引，热词设置及统计，可配置的权重设计，可定义的分类搜索、高级搜索。支持自定义推荐链接，也支持业务系统检索、高级检索等功能。

③提供拼音搜索、搜索词联想、错词自动纠正等人性化引导用户搜索的功能。

④公众在搜索框中输入服务关键字时，相关事项的办理时间、申请对象、办理单位、受理方式、办事指南、表格下载、相关文件、状态查询、办理点查询等信息要优先展现，重要的可实现让老百姓直接在搜索结果中使用相关的应用，更可聚合其他与该事项类似或相关的内容在搜索结果中显示。

⑤解决公众与政府网站之间的“沟通障碍”，系统要能“理解”老百姓检索的非官方语言，将“口语化”的搜索词自动转换为网站的“正式用语”，并将搜索结果自动呈现。

⑥搜索结果应具备同类信息自动汇聚功能，比如搜索某个办事事项，自动将办事指南、政策法规、问答等内容集中在一个页面进行展示。

⑦支持在搜索结果中直接展示查询框类、结果告知类等信息，使公众无需点击搜索结果链接跳转查看，在同一页面即可完成相关操作。

(8) 手机网站和微信平台。

随着移动通信技术的不断发展，智能终端、移动终端已经越来越普及，通过开发手机网站和微信服务平台等应用功能，满足不同用户随时随地从政府网站获取信息、享受政府服务的要求，并加强政府网站与社会公众之间的互动交流。

(9) 手机网站建设。

为了实现政府部门信息、通知、通告的便捷性查询以及公告便民信息的及时传递，将基于内容管理平台构建手机 HTML5 网站，满足网站用户通过不同终端随时访问的要求。

手机 HTML5 网站页面自适应支持智能手机、平板电脑移动终端（支持苹果、安卓系统，市场主流屏幕规格）等移动终端，在各种终端下保持完整良好的页面布局和内容可读性。

手机 HTML5 网站是面向移动终端（如 ipad、手机等）的浏览器应用，将基于门户网站栏目结构进行栏目设计，分类清晰、层次合理，保证用户能够方便、快速找到需要的信息内容。实现以下功能：

①能够自适应不同终端，保证用户通过 PC 终端或移动设备均可正常浏览和获取服务；

②能够采用与常规站点关联方式，与网站内容管理平台的相关功能进行集成，实现和主站、移动 APP、微信等终端的信息同步、信息共享，一次录入，多终端同步发布；

③具备新建、删除栏目等管理功能；

④提供模板编辑功能，可订制网站内容的显示效果，可对模板进行可视化编辑。

从提高工作效率考虑，移动网站的内容来自于已有的网站内容管理平台，对应栏目管理、发布管理等功能，移动网站内容实现与 PC 端网站内容的统一管理与维护。

(10) 微官网建设。

新媒体交互平台提供微官网建设功能，通过构建栏目、选择模板、拖拽控件和编辑控件属性，即可快速生成精美的微官网，传统 PC 端的信息、服务均可快速在移动端得以呈现。

(11) 安全。

通过安全技术措施和组织管理机制的建设，形成有效的安全防护能力、隐患发现能力、应急响应能力和系统恢复能力。

利用防护设备或重新部署防火墙设备对网站服务器区进行边界安全防护，划分网站服务器区安全域。通过 Internet 边界防火墙在内部网络与不安全的外部网络之间设置障碍，阻止外界对内部资源的非法访问，防止内部对外部的不安全访问。

防火墙能够较为有效地防止黑客利用不安全的服务对内部网络的攻击，并能够实现数据流的监控、过滤、记录和报告功能，较好地隔断内部网络与外部网络的连接。同时利用访问控制功能进行网站服务器区专项访问控制防护，有效地控制黑客利用网站服务器为跳板攻击的可能性。

网页防篡改是将核心程序嵌入到 Web 服务器中，通过触发方式进行自动监测，对所保护文件夹的所有文件内容（包含 html、asp、jsp、php、jpeg、gif、bmp、psd、png、flash 等各类文件类型）对照其多个属性，经过内置散列快速算法，实时进行监测，若发现属性变更，通过非协议方式，纯文件拷贝方式将备份路径文件夹内容拷贝到监测文件夹相应文件位置，通过底层文件驱动技术，整个文件复制过程毫秒级，使得 Internet 用户无法看到被篡改页面。

总之，政府部门利用多种资源开发出形式多样的电子政务产品，用之于民，可以进一步密切政府与人民群众的关系，同时在群众中树立良好的政府形象。把握多媒体的传播规律，运用网民喜爱的数字化、图表化、可视化方式制作网络产品，使政府网站变得轻松、亲切、活泼；及时跟踪、充分吸纳网络新技术、新业务，善用微博、微信、移动客户端、自适应等新技术，拓展网站新业态，形成立体化、多渠道的传播格局。

第三篇　新时期防震减灾科普宣教工作发展方向的探索

北京市区县防震减灾科普宣传工作的现状和思考

刘　博　赵希俊　王月龙

很多学者认为，全球的地震灾害形势越来越严峻。最近20年来，伊朗，日本神户，中国汶川、玉树，海地，苏门答腊等多个国家和地区爆发7级以上大地震，印度苏门答腊还爆发了印度洋海啸。地震、海啸灾害造成了50余万人伤亡和经济社会的重大损失。

我国面临的地震形势也十分严峻。有专家指出，从1988年开始，中国大陆地区进入第五个地震活跃期。根据前几次地震活跃期活动的特点，本次地震活跃期有可能持续到21世纪初，这期间可能发生多次7级左右甚至更大的地震。2008年5月12日的汶川大地震和2010年4月14日青海玉树地震造成的人民生命和财产的重大损失，再次给我们敲响了警钟。

北京地处华北地震带北翼，受河北、山西地震带的包围，是我国东部强震活动地区之一，也是全世界3个按Ⅷ度防震要求进行建设的首都之一。据有关文献记载，历史上，北京发生过5级以上地震80次，其中7级以上大震6次。截至目前，虽然已经有200多年没发生过破坏性地震，但是，面对近期的强震活跃形势和地震灾害的潜在危险，我们绝不能掉以轻心。

让公众普遍了解地震常识，具备防震减灾意识，掌握防震避震技能，引导全社会共同参与防震减灾活动，是增强城市防震减灾综合能力的根本途径。充分调动各区县地震局的积极性、主动性和创造性，全面做好北京市的防震减灾宣传工作，是保障首都经济社会既快又好发展的需要。

1. 高度重视防震减灾宣传工作

随着社会经济的发展，人们生活水平不断提高，对生命和财产安全的要求更为迫切。而地震作为一种最为严重的自然灾害，随时威胁着人们的生命和财产安全，严重影响着社会的和谐和稳定。随着近年来全球范围内地震灾害的不断发生，人们对综合防御、防震减灾的期望更加迫切。面对新的形势，我们认识到，必须以促进区县防震减灾宣传工作为抓手，加强地震科普知识的宣传工作，提高全民族的防震减灾能力。

北京市地震局一向非常重视防震减灾宣传工作，是最早设立宣传教育中心专门从事防震减灾科普宣传工作的省级地震部门。

北京市各区县的防震减灾宣传工作，是伴随着北京市防震减灾事业的发展逐步开展起来的。通过各级地震部门的共同努力，北京市的防震减灾宣传队伍有所加强，内容逐渐丰富，形式日趋多样，范围逐步拓宽，能力不断提高，影响日益广泛，在动员社会参与防震减灾活动，引导社会舆论，增强全社会防震减灾意识，提高社会公众应急避险和自救互救能力，科学应对地震灾害事件，最大限度减轻地震灾害损失方面发挥了应有的作用。

在《北京市“十二五”时期防震减灾发展规划》中，专门提到了“全面推进防震减灾科普宣传教育”的问题，并提出了强化新闻宣传工作，提升信息公开水平；增强全社会防震减灾意识；建立健全科普宣传教育规划、组织体系和机制；创造科普宣传教育基础条件等一些具体内容。

“十二五”期间，北京市各区县认真贯彻落实全市防震减灾工作会议精神，大力推进防震减灾宣传工作，取得了显著成绩，全市防震减灾宣传工作格局初步形成，包括区县地震部门在内的大部分单位建立了门户网站，部分单位还建立了与宣传部门和新闻媒体等沟通合作及突发地震事件快速联动机制。

在北京市地震局的指导下，各区县地震局大力推进防震减灾科普教育基地、防震减灾科普示范学校和地震安全社区建设，积极开展地震科普知识下乡、防震减灾科技夏令营、科普知识竞赛、广场宣传、电视专访、出版报纸专刊、宣传片播放、科普讲座和宣传资料编印发放等多种形式的宣传活动，积累了一些宝贵经验。

2. 加强组织领导，上下联动，全面推进防灾宣传工作

为了对北京市防震减灾宣传工作进行统一部署，上下联动，全面推进，北京市地震局每年年初都要制订年度防震减灾科普宣传计划，并向各区县下发关于防震减灾宣传工作要求和要点等方面的指导性文件，经常组织协调和指导市有关部门、各区县开展防灾科普宣传活动。市地震局有关部门多渠道

争取经费，购买和制作图书、光盘、折页、挂图等宣传材料，下发到各区县地震局；各区县地震局也结合本地实际情况，购买和制作了大量宣传材料。

根据中国地震局的有关文件精神，北京市地震局在下发到区县的年度宣传计划安排中，除了对常规宣传、科技活动周、防灾减灾宣传日等宣传工作提出具体要求外，还重点对“7·28”唐山地震纪念日前后和“平安中国”的宣传活动进行安排。在此期间，各级电视台会集中安排播放防震减灾科普动画片，对防震减灾宣传活动进行报道宣传，组织报纸、杂志专版，广播电视专题节目，学术讲座，社区宣传等多种多样的纪念活动，在全市范围内掀起防震减灾宣传的高潮，取得了良好的社会影响。

3. 大力加强科普基地建设，为防震减灾宣传工作搭建坚实的平台

防震减灾科普基地建设是当前防震减灾宣传工作的一项重要任务，北京市各级地震部门对这项工作十分重视，近年来已投入相当大的人力和财力推进防震减灾科普基地建设。

为了鼓励企事业单位和其他社会组织主动承担和开展防震减灾科普教育和宣传工作，积极推进防震减灾科普教育基地建设，规范申报和认定管理工作，根据《中华人民共和国防震减灾法》和《中华人民共和国科学技术普及法》，参照《关于印发〈国家防震减灾科普教育基地申报和认定管理办法〉的通知》要求，北京市地震局联合市科委制定了《北京市防震减灾科普教育基地申报和认定管理办法》，为指导和规范管理科普基地建设奠定了良好的基础。

目前，北京市已建成区县级防震减灾科普宣传基地46个，其中丰台区科技馆等10家单位被批准命名为北京市防震减灾科普教育基地，德胜民防宣教中心等6家单位被任命为国家防震减灾科普宣传基地。科普教育基地主要依托区县政府、区县民防局和区县科委，利用当地资源或民防系统的人防工事资源，集各方力量建设而成，在面向社会民众开展防震减灾宣传方面发挥了积极作用。

4. 统筹兼顾，优化和整合资源

统筹兼顾是经实践检验的科学有效的工作方法，也是新时期落实科学发展观所必须遵循的基本原则。做好防震减灾宣传工作也不例外。然而，目前防震减灾宣传工作在统筹兼顾方面考虑得还不是很充分。比如，在防震减灾科普教育基地建设方面，就存在一定程度的“推动多、统筹少”的问题。

目前，北京市已建成区县级以上的科普基地46个，平均每个区县将近3个，但是分布很不均匀：最多的为朝阳区，有16个；5个以上，4个；2～4个，2个；1个，6个；有4个区县一个科普基地都没有，占全市区县总数的1/4。

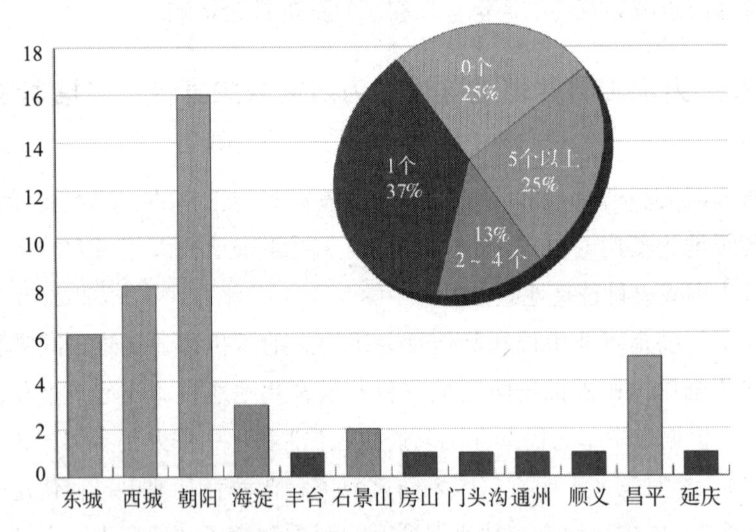

北京市部分区县防震减灾科普教育基地建设情况统计

为了长期有效地做好防震减灾宣传工作，统筹兼顾，注重优化和整合资源是非常重要的。这首先就要求我们总揽全局，统筹规划。

北京市有16个区县，密云、平谷等远郊区县一个科普基地都没有，其他科普基地多的区县，除昌平外，都在城区，这显然在一定程度上影响了宣传的覆盖面和效果。因此，在今后的工作中，应加大对密云、平谷等远郊区县的政策、资金扶持力度，确保宣传活动不留死角，全面覆盖，做到家喻户晓。

对于那些密集和集中的科普宣传场所，则应优化和整合。内容雷同的，可以考虑合并；距离很近而场地条件又都很优越的，可在主题和特色方面多下功夫，增强对民众的吸引力。

5. 拓展思路，实现防震减灾宣传工作常态化

显然，建设防震减灾科普教育基地是进行宣传的重要手段。然而，建设只是一个开始，维护才是关键，只有维护得好，才能具有长久的吸引力、生命力。

然而，北京市的个别防震减灾科普教育基地就是以几块展板为主，知识内容没有经常更新；有的基地有震动台甚至4D影院，但是出现机械故障，已经不能正常使用，却长期不修理。更遗憾的是，6家国家级防震减灾科普教育基地中，有两家（海淀安全馆、房山周口店猿人遗址）已不再使用。

建设一个基地往往要投入很多资金，相对而言，维护资金要少得多。如果只重建设不重维护，就会造成严重的浪费，影响防震减灾工作的顺利开展。

另一方面，要想真正实现宣传的常态化，就要注重多渠道并举、多方式共进。除了科普教育基地，防震减灾科普示范学校和安全社区，也是宣传的重要渠道。目前，各区县已纷纷开展了相关工作。

此外，应利用好网络“基地”。现代的社会是信息社会，计算机网络技术迅猛发展，已经渗透到我们生活的各个领域，上网已成为一种时尚，正进入每一个家庭。网络以其传播速度快、信息容量大、涉及范围广的特点，影响着每一个人的生活，因此，把网络宣传作为推动普及防震减灾知识的重要途径是可行的。

现在绝大多数区县地震局都建立了自己的网站，但是，总体上内容不够丰富，维护和更新也不是很及时，这在很大程度上影响了宣传效果。为了改变这种现状，应建立考核和奖惩制度，鼓励网站定期更新内容，在宣传形式方面下足功夫；设立专项经费，激励广大专业人员积极撰写和发表科普文章，不失为扩大宣传效果、激发网络宣传阵地人气的有效途径。

要想真正做好防震减灾宣传工作，各区县必须贯彻“预防为主，平震结合，常备不懈”的工作方针，坚持“因地制宜，因时制宜，经常持久，科学求实”的原则，主动、稳妥、科学、有效地开展防震减灾宣传工作，并注意在很多具体细节上不断探索、提高。

大学等科研机构如何进行社会灾害教育的思考

张　英

灾害教育可分为学校、社会和家庭灾害教育，大学既是学校灾害教育的重要组成部分，又可在社会灾害教育中扮演重要角色，大学中专业的灾害教育与面向公众的旨在科学传播的灾害教育虽属于不同层次，但能有机融合，二者共同促进灾害教育体系的完善与发展。同时，大学除了科学研究、教学之外，还有服务公众和社会的职责与义务。

1. 京都大学宇治校区校园开放日见闻

大学不仅仅进行教育、科研，更需要进行社会服务。一年一度的京都大学校园开放日既是招生宣传的手段，又是进行社会服务的契机，更是了解京大的绝佳时机。京大专门制作了宣传手册，上面标明了各所的活动时间、地点、对象、活动内容。并且，去宇治川的活动有专车接送，每个地方都有指引、签到和解说的工作人员。开放日历时 2 天，期间还对参与者进行问卷调查以取得反馈，效果良好。

京大有三个校区，分别为吉田、宇治和桂校区。宇治校区包括化学研究所、理工学、生存圈、防灾研究所、大学院农学、工学、情报学等研究实体。灾所下属的科学研究设施对公众开放，可以促进公众学习对其终身发展有用、接近生活的防灾减灾知识。同时，开放了地震、斜面灾害、水害、风灾、巨大灾害研究中心等。活动形式以专家讲座、模拟实验、小组讨论、野外考察洪水灾害遗址、灾害亲身仿真体验为主。

(1) 体验洪水临门。

当有流水进，有流水出，你知道当门外有水到一定高度就打不开门了吗？工作人员讲解、提出问题之后，请参与者体验，最后计算，具体可以应用力学知识解释。重点是在仿真体验过程，因平时遇到这种情况的几率很少，通过这一仿真体验，可使参与者感受洪水灾害的严重性，有利于培养公众的防灾减灾意识，有了专业知识与良好的心理状态才能临危不乱，在灾害发生的时候采取适当措施以降低灾害所带来的损失。

体验洪水临门

(2) 感受暴雨。

模仿琵琶湖北部山区产生降雨，在按照一定比例设置的实物模型上，体验者可以在暴雨中行走，感受降雨与产流的关系，下多大的雨，有多大的流量，更加直观地把生活感知与科学测量相结合。灾害科学不仅仅是把历年数据做模型、预测，也需要通过实验研究做模型、预测。

感受暴雨

(3) 流水中的行进。

如何在激流中勇进？感受一下流水的力度，而不要等到灾害发生时才亲身经历，那样为时已晚。研究人员也去尝试了一下，真是举步维艰。其实穿上防水的衣服裤子，感觉真的不一样，不防水的衣物在身的话，估计行走更加艰难。

流水中的行进

(4) 滑坡。

公众可以通过红色标记的印记清楚看到表层滑动，这需要一定时间的观测，通过调节不同高度来等调节预测滑坡运动规律。通过此实验，公众对滑坡的直观印象与理性认识增加。

(5) 泥石流。

真实再现迷你版泥石流。泥石流在日本又称土石流，我国台湾地区也如此称谓。不同粒级的石块按照一定的比例放置在斜面上，之后注水，瞬间可以看到水石俱下，无论是孩子还是大人都明确了泥石流的发生机制，在此基础上做出预防。值得一提的是，今年我国部分地区普发泥石流，四川等地开展群防监测、及时预警，避免了人员伤亡。我国台湾地区在单位时间降水量偏大的季节，很多家庭都备有可乐瓶简易制作的雨量筒，用以测量和及时预警。

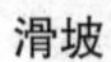

滑坡　　泥石流

(6) 海啸。

日语讲的津波，在中文里是海啸的意思。前几年南亚大地震带来的海啸让人记忆深刻。讲解海啸的原理，并让参观者观看海啸的模拟实验，海岸边的房屋模型都被卷下去了。这一过程，也介绍了海岸防海啸的工程设计模型及工作原理。

海啸模拟

(7) 测量河流流量。

在参观完水害地形之后，参与者可拿着秒表计时，后计算流速，之后通过给定公式计算流量。

(8) 建筑防震实验。

防灾减灾科学应该是多学科的综合，灾害种类多，同时，防灾减灾涉及科学研究、应急管理、医疗救助、建筑设计、教育宣传等多方面。人们通过了解建筑结构与质量，可以更加明白建筑质量的重要性，提高防震减灾意识的重要性。

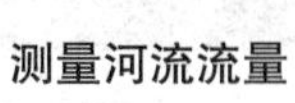

测量河流流量　　建筑防震实验

(9) 断层地震。

用面粉等做地层，小朋友挤压之后，可以看见房屋模式被淹没，这就是模拟断层地震。实验成本不高，但是通过这一小小实验就可以让参与者感受这一自然现象。图中电脑展示为地震预报系统。门口一般多有如图所示的紧急救援包，联想参观所送礼物就是一应急手电筒，研究者所在的办公室门口也有（取下即可照明，不用开关，节省时间）。下侧右方是日本应急避难场所的标志，学校都是应急避难场所，是最安全的地方。

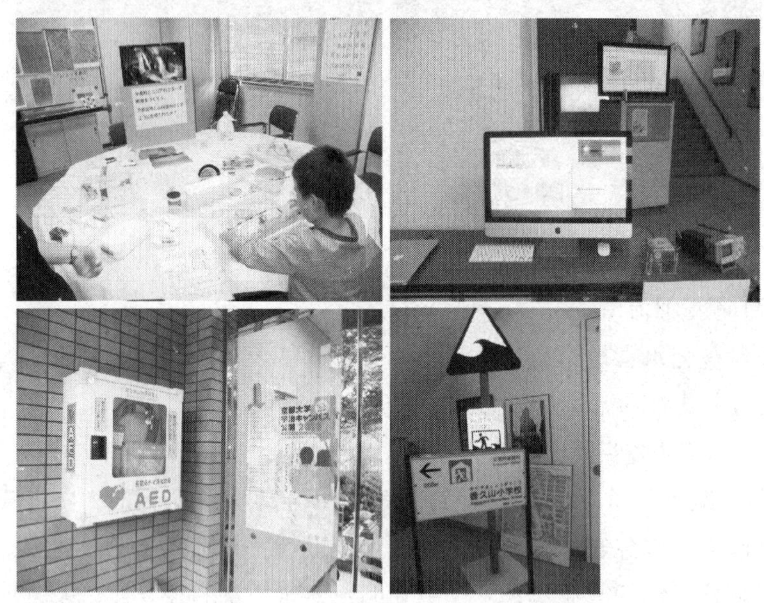

断层地震

(10) 小组防灾政策决策。

一般的防灾减灾政策都是自上而下的，自下而上的政策制定正在成为研究热点。图中所示是民意讨论，集中了各界代表，把各种意见写在纸上，大家一起协商。

小组防灾减灾决策

(11) 灾害视频播放。

通过放映灾害传播的科学宣传片，给受众以强烈的视觉刺激，提高防范意识。

不仅包括灾害发生的原理、迹象等知识，还包括如何灾前预防、灾中自救、灾后恢复等知识。不是简单的灾害历史视频再现，也不是简单的发生原理教导。

播放灾害视频

2. 几点启示

灾害教育不仅仅是告诉受教育者如何预防灾害的具体细节等，更重要的是通过了解灾害原理、明确灾害危害、懂得防灾减灾、培育全民安全文化，以期防灾减灾政策制定、科学研究、建筑设计施工、应急管理、宣传教育相关人员都需具有一定的防灾素养与减灾意识，正确开展防灾减灾活动，确保全民安全。而这一过程中，灾害教育需要采用恰当方式、选择正确途径来进行，大学等科研机构在社会灾害教育上大有可为。

(1) 利用开放日传播科学知识，培育安全文化。

大学等科研机构拥有先进的仪器设备，众多的科学家、教育家，通过开放日可以让公众接近科研工作者，传播科学知识，培育安全文化。具体途径可以通过开放实验室、专题讲座、模拟实验、互动游戏等活动进行，要注重形式多样，注重受众的体验参与与实际效果。

(2) 利用防灾减灾日开展主题活动。

国内高校大多以“5・12”为契机开展防灾减灾日宣传活动。目前存在的问题是仅以纪念标语代替一系列活动。主题活动可以包括海报、讲座、灾害地形野外考察等。通过高校带社区，学生向社会传递减灾意识与防灾素养。

(3) 科研机构的网站建设。

日本的天气预报网站都有灾害情报一栏，如日本气象学会 http://tenki.jp/。国内的一些科研机构应该多些公众参与，利用网站平台进行防灾减灾知识传播。多些视频资料，而不仅仅是文字材料。也可以以游戏、论坛的形式吸引公众参与。同时，极端性天气现象、地震、台风等都应该通过网站发布。

防震减灾科普工作的信息化创新及融合式发展

邹文卫　周馨媛　郭　心　谭　阳　张宏艳

现代科学技术发展日新月异，作为科学技术发展基础的科普工作，无论从改变科普的内涵还是提升公民的科学素养，都面临着极大的挑战。随着信息技术和“互联网+”时代的到来，对防震减灾科普工作提出了更高更新的要求，只有面对挑战，防震减灾科普工作才能走在时代的前列。防震减灾科普工作者必须把握时代的脉搏，抓住机遇，始终以创新的思维和敢为天下先的精神，将科普创新和信息化深度融合，不断开拓新的道路和途径，才能在百舸争流的大潮中独占鳌头。

1. 在信息时代掌握创新主动权

以互联网为代表的信息技术正在改变着世界，引领着未来。信息化加速向互联网化、移动化、智慧化方向演进。以信息经济、智能工业、网络社会、在线政府、数字生活为主要特征的高度信息化社会将引领我国迈入转型发展新时代。

当今世界，互联网无所不在、无所不能。有人形象地将互联网技术比喻为继蒸汽机的发明、电的发现之后的第三次工业革命。在我国，互联网技术更是将我国的后发优势显现无遗。至 2014 年 6 月，我国网民为 6.32 亿，

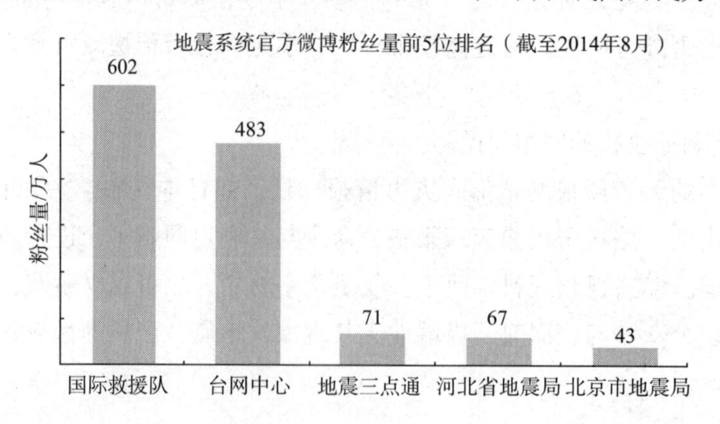

网络普及率达46.9%。而移动互联网的发展，我国则走在了世界的前列。在我国的6.32亿网民中，手机互联网用户就达5.57亿，渗透率达85.8%，而同期世界平均渗透率只有58%。据统计，我国网民手机上网时长每天超过4小时的占手机网民的36.4%，每天多次用手机上网的占66.1%，在居所手机上网的占88.2%，在职业场所手机上网的也占49.7%。

10年前，马云说互联网将改变世界，2014年，马云凭借互联网商务在美国纳斯达克上市，他的身价达285亿美元，成为亚洲首富。

2015年信息技术创新应用快速深化，“互联网+”的创新模式不断涌现。“互联网+政务”通过大数据等新一代信息技术，建立开放、透明、服务型的政府，实现政府治理能力现代化。截至2014年底，各级政府已经在微信上建立近2万个公众账号，面向社会提供各类服务。“互联网+金融”帮助中小微企业、工薪阶层、自由职业者、务工人员等普通大众获得便捷的金融服务。而“互联网+医疗”可以解决“看病挂号难，看病等待时间长，医生诊疗时间短”等顽疾。“互联网+媒体”不仅仅是网络媒体、微信公众号等传播渠道的改变，二者的融合还将为传统媒体带来各种全新的与公众互动的方式。如2015年春晚微信“摇一摇”送出5亿元红包，全球185个国家的用户摇了110亿次，最高峰时1分钟有8.1亿次“摇一摇”互动。互联网的普及使社会舆情传播渠道急剧扩张，自媒体的兴起使得社会舆情达到前所未有的外显程度。公众主动利用新媒体进行表达，已成为普遍的观念和意识。

如上所述，不管是哪个行业，只要掌握了互联网的特点和相关技术，并能充分利用起来，就能引领行业的方向。在防震减灾事业的宣传中，无论是信息发布还是科普，有了创新的思维和战略，就能掌握事业发展的主动权。

目前，中国地震局系统正在努力适应信息技术和互联网的发展，提升自己的执政能力，打造好自己的官网、官方微博、官方微信。各个直属单位和省市地震局和相当一部分的市县地震局都不同程度地利用互联网进行信息发布和科普宣传。在地震行业官网上开辟了科普宣传的网页或专栏。微博的开通比较普遍，微信也在积极探索。有些省局微博经常开展线上线下活动，与粉丝们开展互动；有些省局还开设了防震减灾科普的微信公众账号，建立了微信群。其中，中国国际救援队、中国地震台网中心、地震三点通、河北省地震局、北京市地震局官方微博粉丝量名列前茅。

地震新媒体被评为“十佳中央国家机关政务新媒体”。《2014年全国政务新媒体综合影响力报告》涵盖2014年1月1日至2014年11月30日的全国各级单位政务微博、微信运营数据。根据该报告的统计数据，“中国地震台网速报”为排名前十的中央国家机关政务新媒体之一。同时，中国地震台网与新浪网展开合作，2012年5月28日起，中国地震台网中心的官方微博（@中国地震台网速报）正式运行，通过技术研发实现了地震速报的自动发布，并通过微博粉丝服务平台实时提醒全体粉丝。目前，为了服务于更多的社会公众，中国地震台网中心通过和微博平台深入合作，实现了最新地震速报消息的区域定向推送，只需数秒就能推送到震中所在地所有微博用户的手机上，使得地震速报能优先服务于震中附近的人们。该项服务将通过微博公共信息服务平台完成，这是中国地震台网中心和微博平台的一次重要尝试，将提升地震台网的公共服务能力。另外，中国地震台网中心将和微博运行商合作，建设面向全社会的地震速报数据开放平台，把地震部门研发的地震速报产品、数据、图件等资料，通过这一平台向社会发布，并鼓励开发者把这些资料融入到各种应用场景中，更好地服务于社会公众。

中国国际救援队由于多次参加国内外地震灾害的救援工作，其微博颇受广大网民的关注，粉丝量居高不下。尤其在重大地震灾害期间，通过微博这个新媒体平台，国际救援队充分传播着防震减灾工作的正能量。

对于微博和微信两大平台，它们的特点是无所不在、随时可得、灵活多样，但二者又有显著的区别。微博的优势在发布和传播：传播范围大、反应速度快。碎片化或“零食”性的信息直奔主题。尤其是官微和名人的微博，权威性强、可信度高。微信的优势在社交：它拉近了人与人之间的距离，在朋友圈里可以畅所欲言，利用亲情化的语言，使人容易接受。但微信容易受到虚假信息的影响，而且微信目前的传播范围还比不上微博，力度欠缺。因此，就科学普及和传播而言，二者可以互为补充。

近年来，微电影、微视频逐渐在网络上火起来。防震减灾科普也不失时机，北京、上海等地的行业部门拍了一些微电影，在几分钟的时间内，针对某个特定题材进行刻画和渲染，不仅涉及有关防震减灾的科普内容，开拓了人们的视野，还宣传了防震减灾行业精神，使公众特别是网民了解防震减灾工作，消除误解，树立了防震减灾行业部门的正面形象，有利于动员全社会投入到防震减灾工作中来。

另外，动漫、动画片等比较适应网络传播的艺术形式，也在防震减灾科普宣传中广泛运用。防震减灾科普宣传部门与专业性的视频网站建立合作关系，资源共享，优势互补，合作共赢，充分利用优势起到很好的效果。自2015年始，北京市地震局利用首都互联网资源拓展科普工作渠道，与北京科技视频网进行合作。北京科技视频网是中国第一家也是目前唯一家科技视频网，由北京市科学技术委员会支持，为北京市可持续发展促进会主办，网站定位为纯公益、纯科普、纯视频，是目前我国最大的科技视频数据库。运用北京科技视频网平台，利用北京市防震减灾宣教中心的防震减灾宣传科普视频作品资源进行防震减灾科普宣传是一个良好的开端。如2015年年初进行了《吉祥宝贝斗震魔——海啸篇》4D影片网络版上线，并参加了科技视频大赛，同时与网民进行互动，举办了“一扫可投票，二扫抢红包”的活动，开创了科普活动的新形式。

充分利用网络进行科普工作，既需要适应社会发展的要求，也要满足社会公众的心理需求和情趣。防震减灾科普工作要向这个方向不断探索创新。

2. 与门户网站深化合作，为创新提速

门户网站一般指大型的综合类的网站，这类网站一般信息量大，功能强，影响力广。利用门户网站的强大功能和影响力，是防震减灾科普创新的主要渠道和出口。如与大型门户网站全面展开合作，建立战略合作关系，及时将地震科普信息向社会发布，聘请有关专家开设博客、微博等进行科普和微科普。可在门户网站搭建固定的“防灾减灾”宣传平台，以专栏、板块以及新媒体传播形式（微信、微博等）等开展科普知识宣传，并开展专家在线讲座、答疑等，充分体现网络信息的服务性、知识性、互动性。同时，以网站为依托进校园，向老师、学生普及防灾减灾知识。合作举办网络防

灾减灾知识竞赛，并邀请传统媒体对大赛做前期宣传及系列宣传报道，形成专题、新闻报道等线上线下全方位的活动。与社会新媒体合作，资源共享，搭船出海。借助平台进行丰富的防震减灾科普活动。同时，利用网络的便捷和深入性，进行网络问卷调查，了解社会公众对防震减灾的科普需求，调查防震减灾科普的程度和深度，做到科普工作有的放矢。

充分利用互联网，避免传统的板着脸孔说话，居高临下的教训式的语言，使得科普有时代感、高科技感强，容易贴近青少年，取得好的效果。互联网科普用动漫、游戏等形式寓教于乐，趣味性强、互动性强。网民可依兴趣关注不同的主题和内容，阅读自己感兴趣和有意思的内容。运用线上线下活动，以及与其他机构合作开展活动等方式，以生动有趣的手段向大众传播科学，让科学变得妙趣横生、简单实用，同时也为科学人才的培养提供很好的平台。

3. 融合信息技术，为科普形式更新换代

科普资源是科普工作的“饮水之源”，科普资源可分为“原生态”的和“加工提纯”后的“成品”。“原生态”的是原材料。如何将原材料用科学方法和科学手段反哺给大众，其“加工提纯”后的成品科技含量直接影响到科普成效的好坏。现代科学技术日新月异，传统方法和形式的作用越来越有限，吸引公众的能力越来越弱，而将信息技术与传统科普资源有机融合起来是解危破局的突破口。

在防震减灾科普展厅中的展示手段上采用的信息化高科技手段是重要的方面。比如说，北京市地震局研发的数字地震体验厅就是基于“数字地球”三维地理信息系统为主要信息平台，承载地震元素作为核心展示项目，可让观众真实地“看到、听到、感受到”地震的发生和地震波的传播。“数字地球”技术成熟、内容充实，以海量多源、多分辨率航空航天遥感影像和数字高程数据，构建全球框架下的地形三维模型，实现全球构造板块、全球地震带和随时可更新的地震分布、中国活动构造和地震活动，并结合地震监测台站分布、应急避难场所分布、应急救援路线分布等，解决了地震波传播数据与地形地貌要素融合难题，做到了遥感影像与烈度信息的结合，

观赏性强、趣味性浓，能充分展示现代信息技术水平，同时包容性强，可不断更新，与地震系统和应急指挥系统接驳，可涵盖防震减灾科普知识和防震减灾工作各方面。正是应用了信息技术使得该项目成为“先进、独特、国内领先”的一个展项。

信息技术在科普场馆中的应用，将地震监测实时信号引入场馆，观众可实时观看体验地震监测工作。在场馆中大量使用虚拟现实技术和增强现实技术，“让古人说话，让木乃伊跳舞”，大大增加科普展厅的趣味性，克服了以往展板展项的呆板、老旧的缺点。

利用信息技术建设防震减灾数字科技馆，使科技馆克服时间和空间的限制，通过互联网展现在网民眼前，随时随地不受限制地参观和互动。

充分利用移动互联网技术开发手机防震减灾 APP 软件，使网民用智能手机或 iPad 等移动终端设备就可学习和互动，可随时随地获取科技信息，学习和掌握有关知识和技能。比如一本普通的画册，观众通过扫描画册上的二维码，画册的内容自动转成动画或视频，在移动终端播放。此外，观众如认为展板上的解说词不解渴，可扫描展板上的二维码，更深度和全面的解说词或者视频和动画将展现在移动终端上，无论追溯历史还是展望未来，都将给观众一种前所未有的满足感。

科普工作的信息化，最重要的一点是摆脱了传统科普宣传上街“赶大集、摆地摊、大拨哄”式的形式，使得长效化、深入化、科技化成为可能。科普信息化的手段本身就体现了科普的科学性。

物联网是继计算机、互联网和移动通信之后的又一次信息产业的革命性发展。物联网代表着人们生活方式的转变。比如物联网可以用于对象的智能控制。物联网基于云计算平台和智能网络，可以依据传感器网络用获取的数据进行决策，改变对象的行为进行控制和反馈。例如根据光线的强弱调整路灯的亮度，根据车辆的流量自动调整红绿灯间隔等。在防震减灾科普教育展厅，可以将物联网技术运用于展项，使展项自动根据不同观众人群和层次调整内容，特别是用于屏幕展示的内容，打造像智能家居一样的智能化展厅。这样可以节约展厅面积，开展更具针对性的教育。如果展厅迎来的是中小学生，场馆可以将电子屏幕、展品内容、讲解方式等，通过物联网技术转换成针对学生的内容；如果来的是领导干部和公务员，展示内容直接调整成符合他们特点的形式。还可以利用3D打印技术，为观众打印相关的纪念品，可大大丰富科普馆手段和内容。

防震减灾科普杂志开辟网络版，也是期刊杂志数字化、信息化的发展方向。

4. 搭建信息化平台，做到资源融合和共享

网络是把双刃剑，我们在利用其进行科普宣传的同时，谣言和谬误也可借其大行其道。如何用正确的信息纠正有害的错误信息，如何建立一种针对有害信息的快速反应机制，如何让网民正确甄别彼此不一致甚至矛盾的网络信息，如何及时更新过时的信息……这都需要我们搭建一个各行业可互融互通、安全有效和权威的平台。如地震局的地震信息和防震减灾科普知识比较专业，红十字会的医疗急救知识权威，卫生防疫部门的灾后防疫知识可信度高，民政部门考虑的是灾民的安置和救济，救灾物资的发放……所有这些权威准确的知识汇集到一个大平台上，任何个人和机构可随时了解、学习和免费下载，那些不实的消息和谣言的空间就会被大大挤压，从而营造一个安全可靠的科普宣传的网络环境。

另外，可以搭建多功能的复合式发布平台，如双微对接，将微博和微信结合起来，充分发挥各渠道的优势，微博以信息发布、政策宣传为主，微信注重服务，提供便民查询及智能问答服务，而APP提供信息、知识检索、办事指南、知识性的游戏等，丰富公众的移动生活。另外，开发手机的随身拍功能，使用图片、文字和定位功能，网民可随时随地将其所见所闻拍成照片和评论传回到发布平台，丰富平台的信息内容。此功能在地震知识普及、地震宏观异常信息收集、地震灾害烈度调查、灾害损失评估以及地震谣言应对等方面的发展前景非常广阔。

5. 弥补短板，为科普信息化服务增添内力

目前，就防震减灾科普工作来说，我国信息化的技术手段和形式与国际先进水平并无大的差距，但是就整个信息化服务而言，我们的不足之处

在于提供内容的深度和广度还远远不够，信息化技术仅仅是一对翅膀，而这对翅膀托举的躯体是否丰满，就要看我们的基础工作做得是否扎实和细致。因此，我们在重视信息化技术手段应用的同时，更应该重视内容的开发和打造。比如，在互联网上，人人都是发布者的有利的一面是资源共享、资源来源多元化，但同时，由于网络言论和发表的随意性，也造成鱼目混珠，信息的真实度参差不齐，缺乏专业性，很多谬误也打着科普的名义大行其道，甚至形成谣言，给社会带来危害。地震部门官网上的科普知识虽然较权威、较正式，可以提供一些靠谱的答案，但由于反应速度迟缓，内容更新慢，没有针对性，互动少，基本上无“专业”科普团队的维护和支持，不易于被广大网民接受。

在这方面，美国地质调查局（USGS）的网站内容设计和安排可以给我们有益的启示。其网站就有大量的针对不同年龄段网民的科普内容，既生动活泼又不乏科学内涵和深度，而这些内容是一支科学家团队支持的结果。另外，我们的科普信息服务还应加强震后对灾区针对性的科普宣传，如卫生防疫、心理安慰、灾民在灾区环境如何生活等特定性内容。

总而言之，防震减灾科普的信息化是防震减灾科普工作的发展方向，能不能搭上“互联网 +”这趟信息化“高铁”，使得“互联网 + 防震减灾科普”成为防震减灾科普工作的创新手段，是新常态下检验防震减灾科普工作质量和成果的最重要的标准。

防震减灾类科技博物馆发展现状与方向探讨

——基于“防震减灾科普教育基地”调研的思考

张 英 邹文卫

防震减灾理应成为生态文明建设应有之义，防震减灾工作是可持续发展战略的重大课题，防震减灾目标的实现在很大程度上依靠防震减灾宣传与安全文化的发展。我国自然灾害频发，损失日趋严重，且公民防灾素养不高，在对正规灾害教育研究之后，需要把研究视野从学校灾害教育扩展到公众教育，其中防灾安全类博物馆、科技馆、遗址地、纪念馆等是开展灾害教育的最佳场所。基于此，我们开展了全国范围内的该类场馆的现场调研与问卷调查工作，旨在发现该类场馆存在的问题、一般趋势与发展方向，以作为决策参考。

1. 防震减灾科普教育基地现状

地震灾害是对人类生存安全危害最大的自然灾害，具有突发性强、破坏性大、成灾性强、防御难度大等特点。我国是世界上地震活动最强烈和地震灾害最严重的国家之一。1976 年 7 月 28 日的唐山 7.8 级地震，2008 年 5 月 12 日四川汶川 8.0 级大地震，2010 年 4 月 14 日青海玉树 7.1 级地震，2013 年 4 月 20 日四川芦山 7.0 级地震，一再证明地震灾害是我国群灾之首。事实警示人们，必须高度关注地震灾害对我们社会的危害，只有未雨绸缪，才能减轻地震灾害带来的损失。

保障我国社会经济发展成果的安全，保证社会的均衡发展，提高全社会的防震减灾意识，加强城市对地震灾害的抵御能力，提高社会公众抵制地震谣言以及在地震灾害中的自救互救能力，是各级政府的重要职责，符合国家可持续发展战略要求。增强民众防震减灾意识，是减轻地震灾害影响的重要的、有效的途径。目前的科学水平和科技手段还不能准确地预测地震，只能通过建筑物抗震设防、对公众进行防震减灾知识普及教育、自救互救训练等方法来减轻地震灾害对人民生命财产的危害。

科普教育常常通过不同媒介进行，常见的如书本、电视片、杂志文章和网页等。科技馆和博物馆一类的场馆也是重要的科普场所。因此，防震减灾科普教育基地是开展防震减灾宣传教育，增强公众的防震减灾意识，有效提高全社会的防震减灾能力的最佳场所和阵地。

《国家综合防灾减灾规划（2011—2015）》明确提出："全民防灾减灾意识明显增强，防灾减灾知识在大中小学生及公众中普及率明显提高。"在2014年1月召开的国务院防震减灾工作联席会议上，中央领导明确提出："要因地制宜开展地震宣传教育，提升群众防灾意识和自救互救能力。"中国地震局高度重视防震减灾知识宣传和避险自救互救技能实训工作，在《中国地震局"十二五"规划纲要》中提出要建立防震减灾科普宣传基地，普及地震知识，培训抢险救灾、防震避震和自救互救等技能。

经过多年的努力，我国防震减灾科普教育基地建设工作成绩斐然，不同规模和大小的防震减灾科普教育场馆，形成大、中、小配套结合的网络格局，成为中小学校的校外地震安全教育基地，同时也作为我国防震减灾事业对外展示的窗口，成为对社会公众进行长期的、春雨润物式地震安全教育的平台。

防震减灾科普教育基地是防震减灾社会宣教的重要阵地（以下简称科普教育基地或基地），是普及现代防灾理念、传播地震和地震灾害科学知识、提升大众应急避险能力的基础性平台。这类基地为开展防震减灾科普教育，增强社会公众防震减灾科学素质发挥了重要作用，收到了显著的社会效益。为了更好地促进基地的发展，使其更加规范化、专业化和标准化，2013年6月，中国地震局震害防御司发出《关于开展国家级防震减灾科普教育基地运维现状调查工作的通知》（中震防函〔2013〕28号），要求各省、自治区、直辖市有关单位，将各地的国家级防震减灾科普教育基地运维情况以调查表和总结形式上报。通过对这些报表进行总结、分析，我们发现了一些共性问题，并在此基础上提出了一些建议，以明确基地未来发展方向。

（1）防震减灾科普教育基地数量、类型与分布情况。

自2005年中国地震局在全国推进防震减灾科普教育基地建设以来，已经认定了96个国家级防震减灾科普教育基地。其中92处有上报材料。96

个国家级地震科普教育基地授牌年份为：2005 年，20 处；2006 年，15 处；2007 年，5 处；2008 年，5 处；2009 年，6 处；2010 年，7 处；2011 年，20 处；2012 年，18 处。具体见图。

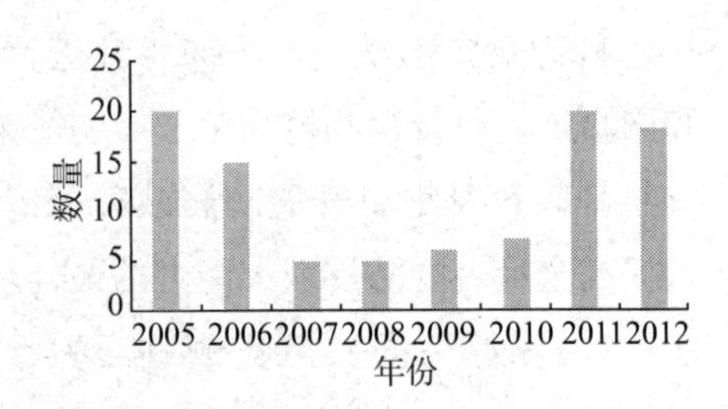

不难看出，2007 年到 2010 年之间，新增的科普教育基地较少，这与这个阶段及汶川地震后，国民防震减灾意识大幅提升、对地震灾害问题关注度大增不相符合。这不得不令我们思考是何种因素导致了此种现象的发生。可能此阶段，社会主要关心灾后重建等立竿见影的工作，对灾害科普教育场馆建设关注较少。

基地主要类型以地震台站、地震局办公场所（科普展厅）、综合类科教馆（专门的抗震纪念场馆以及综合类博物馆、科技馆中的展厅）和中小学校为主。不难看出，地震部门所属场地和综合类科教馆是防震科普教育的主要力量。

类型	防震减灾类科技博物馆	地震台站	地震机构办公场所	高等院校或科研机构实验室	中小学校
数量	46	22	16	2	11

值得注意的是，除地震系统外，中小学校对防震减灾科普教育具有一定的积极性，广大中小学校从学校特色建设、学生安全角度考虑，开发了相应的校本课程，建设了一批防震减灾示范学校，其中一些被授予科普教育基地称号。

从学校教育视角分类，教育分为校内教育、校外教育。近年来，随着素质教育的推进，校外教育机构如青少年活动中心、少年宫、妇女儿童活动中心、少年科学院以及青少年素质拓展训练中心的数量大幅增长，对科普教育也贡献了一份力量。

同时，从非正规教育维度来看，动物园、国家地质公园等传统意义的旅游休闲地也可担负起防震减灾科普宣教工作的重任。这需要我们拓宽思路，开阔眼界，更大范围地进行基地建设。

值得注意的是，依托高等院校或科研机构办公场所、高等院校或科研机构实验室建设的基地并不少见，这可以作为今后基地建设的努力方向。企业与地震系统合作模式也值得推广。

防震减灾科普教育基地地域分布不均，大陆地区（不包含港澳台）除西藏、贵州、湖南、宁夏、重庆外，基本都建设有一定数量的基地。是否每个省区都需要一定数量的基地，还是地震频发的省区需要更多的基地呢？这需要管理部门进行研究和思考。

防震减灾科普教育基地建设的数量与省市经济发展程度、政策支持、领导重视程度、地震潜在影响等因素有关。今后，防震减灾科普教育基地认定是否应向空白地区倾斜？工作的着力点应该放在哪些地区？建议有关部门尽早开展全国防震减灾科普教育基地规划研究。

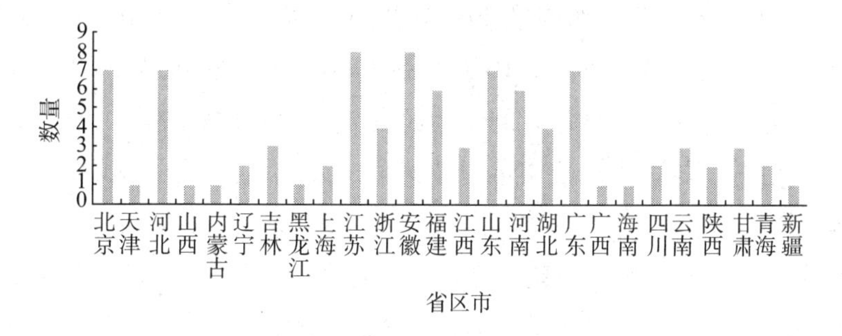

(2) 接待参观和组织活动。

统计资料中的基地年总开发天数为 24507 天，平均开放天数为 275 天，最长为 365 天，即全年开放，最短开放天数为 10 天。统计资料中的基地年总接待人数为 16478727 人，不到全国人口的 1%，可见防震减灾教育任重而道远。统计资料中的基地年均接待人次为 5179484 人次，不到全国人口的 2‰。接待数量 5000 人以下为 32 处基地，5001 ～ 10000 人为 15 处，10001 ～ 20000 人为 19 处，20001 ～ 50000 人为 12 处，50000 人以上为 13 处。统计资料中的基地有 16 处不接待散客参观，约占 17%，多为台站、地震系统、学校类的基地。大部分基地参观需要预约。统计资料中的基地有 26 处不需要预约参观，约占 28%，一般科技馆不需要预约，团队参观需要预约。除 20 处基地未建立接待台账外，其余均有接待台账。建立接待日志很有必要。除此之外，还应该积极积累资料并进行受众分析、游客满意度调查等工作。除20处基地无定期科普讲座，1处定期到学校等场所开展科普讲座，其余基地都有定期科普讲座。定期的科普讲座信息应提前通过网络、展板等形式公布，以吸引观众。100%的基地都在防灾减灾日开放、开展活动；“7·28”唐山地震纪念日开放的有接近60%；科技活动周开放的有80%；国际减灾日开放的有30%；也有在特定地震纪念日开放的基地。结合上报的数据、结合平均值计算，学生团体约占50%，机关、企事业单位团体约占20%，社区居民团体约占10%，市民散客约占20%。依托不同类型单位的基地参观者构成差异明显，学校主要接待学生，地震系统及科技场馆的参观受众构成比较多样化。

(3) 运行和维护保障。

年度固定资金投入平均值292139万元，最高为8000000元，最低为2000元。投入百万级有5处，10万级有30处，万级有42处，其余基地经费较少，为千余元。可见，有的基地经费来源问题比较突出。如何保障基地的有效运行，是否可统一申请财政拨付，或者以奖励的形式补贴一些优秀的基地？

绝大部分基地为财政拨款（地震、教育系统或政府街道），浙江东方地质博物馆、烟台地震科普教育基地、广东省从化市喜乐登青少年素质拓展训练中心3处基地为企业性质，自筹经费的有内蒙古地震科普教育基地、宿州市地震科普馆、瑞昌市“11·26”地震博物馆、南昌市东湖区科普安全宣教中心、中国熊耳山防震减灾科普馆、揭阳市素质教育培训中心、云南省普洱市地震局大寨观测站，有的基地有经营性收入，如公园等地。

绝大部分基地为免费开放，极少数为收费、仅对团队游客收费，有些场所有阶梯票价。仅嘉兴科技馆、浙江东方地质博物馆、烟台地震科普教育基地、潍坊科技馆、武汉妇女儿童活动中心、四川省青川县东河口地震遗址公园为收费或部分收费。

运行中的主要代表性问题有：参观人数较多，互动展品因观众使用强度大，损坏率和维修率高，且存在观众操作不当、野蛮操作的现象；缺少体验式、互动式科普设备，设备更新不足；设施投入经费不足，缺少经费投入的长效机制；缺少专业讲解员，讲解人员的水平有待进一步提高；运营维护费用较高；电子设备长期出故障，维修昂贵；无科研经费和项目；防震减灾科普宣传设备的专业性有待提高，专业技术管理人员缺乏；解说信息更新周期过长，讲解人员未经过专业培训；场馆面积偏小，科技类互动设施缺乏，户外拓展项目少；缺乏多样化的宣传展品和互动体验设备；内容更新与观众互动不足；展示的实物资料和影像资料较少；科普教育基地的示范辐射范围不够大；遗址部分建筑因风化、腐蚀，需要修缮，每年固定运行维护资金难以满足修缮需求，还有的基地地质灾害较为严重。

值得说明的是，囿于篇幅限制，人员配备、基础设施、展示内容等统计内容略去。

2. 防震减灾科普教育基地绩效评估

防震减灾科普工作是防震减灾公共服务的重要组成部分，是提高国民防震减灾素质和促进防震减灾文化发展的重要手段，在防震减灾事业发展中具有举足轻重的地位。做好防震减灾科普工作，对于动员全社会广泛、自觉地参与防震减灾实践，切实提升全社会防震减灾综合能力，最大限度减轻地震灾害损失，具有十分重要的意义。建议每年都开展防震减灾科普教育基地绩效评估工作，以发现问题，鼓励先进。

（1）获得荣誉。

大多数基地同时肩负其他基地的职能，如有 9 处基地同时也是全国科普教育基地；有的基地担负着全国少先队劳动实践达标基地、国家国土资源科普基地、大学教学实习基地、全国红色旅游经典景区、国家 AAAA 级旅游景区、全国少工委中国少年儿童平安行动体验教育基地、全国科技教育示范基地、全国青少年校外活动示范基地、全国青少年科技教育基地、全国重点文物保护单位、全国中小学爱国主义教育基地、全国爱国主义教育示范基地、全国综合减灾示范社区的职能。

少数基地获得国家级荣誉称号，如广东省地震科普教育馆获得 2012 年度“优秀全国科普教育基地”荣誉称号、广州市中学生劳动技术学校获得“全国青少年校外教育示范基地”、西宁地震台曾获“全国巾帼文明岗”、黄冈市李四光纪念馆被评为首批国家级“节约型公共机构示范单位”、唐山抗震纪念馆获得“防震减灾宣传工作先进集体”称号。鉴于省、市级别荣誉多项，暂不纳入统计。

(2) 投入经费 / 接待人数比例.

投入经费 / 接待人数比可从一个方面反映出经费的使用效率，一般人均花费投入约为 1 ~ 10 元，但是我们也不能认为人均花费越少成效越高。今后可以以此为标准衡量基地的工作效率与效果。

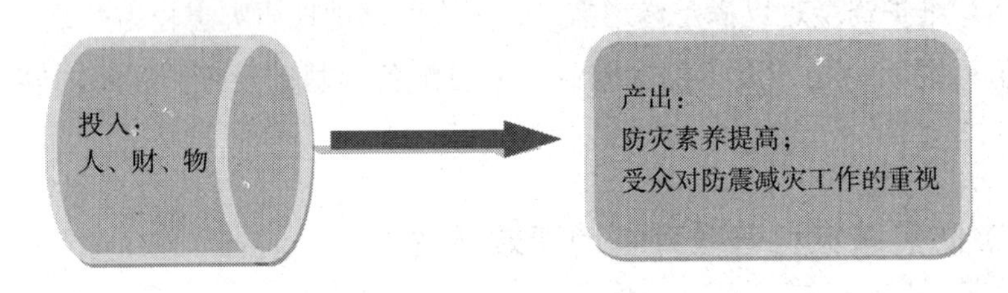

(3) 绩效评估。

根据上报的总结报告，考虑国家级防震减灾科普教育基地需要一定的辐射范围，主要考虑其投入与产出比，而不仅仅考虑其硬件设施的先进程度。结合固定投资、人均经费、展厅面积、展品质量与数量、接待人数等指标，每一指标根据数值分段，赋分 5 ~ 1 分，再乘以不同权重求和，得出绩效评估总分，略去：

$\Sigma_{k=1}^{n}a_k$= 年度投资 × 权重 15%+ 解说员人数 × 权重 7.5%

+ 培训次数 × 权重 7.5%+ 展厅面积 × 权重 15%

+ 展品数量 × 权重 7.5%+ 更新周期 × 权重 7.5%

+ 接待人数 × 权重 15%+ 开放天数 × 权重 7.5%

+ 预约便利程度 × 权重 7.5%+ 博客网站 × 权重 10%

值得说明的是，得分较低的基地可能是因展厅面积、参观人数、资金投入、解说员人数及培训次数等因素的影响与限制，得分不能反映其硬件程度好坏。后续评比应该考虑场馆特色，如不同类型的基地采取不同的评价标准，硬件评比与软件评比分开，专家评比与自评、游客评价相结合，以促进基地的可持续发展。

3. 防震减灾科普教育基地存在的问题

全国防震减灾科普教育基地存在的问题有：建设工作起步不久，受社会、经济、科技发展水平的制约，基地数量较少，发展程度较低；受科普教育基地经费的限制，科普展示面积小、设施不齐全，经费长效机制未建立；科普工作形式较为传统、单一，人员专业化水平尚待提高；受众面较小，科普服务能力有待提高；基地内部差异较大。

(1) 经费保障。

调查研究发现，防震减灾科普教育基地存在如下问题：其一，经费投入不足；其二，教育项目所占投入经费的比例不合理，落实情况不到位；其三，经费投入的持续性与可靠性难以保证。

(2) 人员队伍。

调查研究发现，基地的人员队伍存在如下问题：其一，解说员培训资源有限，次数不足，专业发展不受重视；其二，基地人员构成不合理，解说员比例偏低；其三，工作人员专业发展动力不足。

(3) 开展方式。

调查研究发现，基地发展方式存在如下问题：其一，教育方法单一。主要以陈述性讲解为主，应多一些互动环节或适当开展一些“答题获奖”的活动，以提高观众参与的积极性。其二，展品单一。展品展示应多样化，可增加一些体验式活动。其三，讲座较少。应邀请大学、地震系统的专家、学者定期、不定期地开展讲座，以多种形式丰富防震减灾教育内涵。

(4) 教育效果。

调查研究发现，基地在教育效果方面存在的问题有：教育效果未进行检测，基地存在的意义，提高受众防震减灾意识的依据未进行检测。或许开展连续几年的受众参观前后防震减灾意识调查，以此来考察素养水平是否有所提升，可作为衡量基地价值的一个重要方面。

基地的另一个价值体现在可以提高公众对防震减灾工作的认识，加强理解，进而支持防震减灾工作。

(5) 政策管理。

有些被授牌的国家级科普教育基地有名无实，如北京海淀东北旺小学，既无展馆也无展品，实际上应该是防震减灾科普教育示范校。有的早已消亡，如北京市房山区周口店猿人遗址科普教育基地已拆除搬迁。而有些大型的、有相当影响力的防震减灾科普教育基地却未被授予国家级科普教育基地，如北川地震遗址区和纪念馆、科普馆，汶川映秀镇地震遗址与汶川“5・12”大地震震中博物馆。还存在缺乏长期规划、场馆建设分布不均衡、绩效欠缺等问题。

上面种种，从业务管理部门的角度分析，其一，缺少规范的业务标准或指导意见，使得基层场馆建设中缺乏内容和技术的规范及参考的依据。其二，场馆管理缺少长效机制。如“国家防震减灾科普教育基地”工作整体存在着重创建、轻运行，重认定授牌、轻后期管理的问题。有些场馆管理制度不健全，甚至没有管理制度。场馆无专业技术管理人员，讲解人员未经过专业培训，解说信息更新周期过长。

4. 防震减灾科普教育基地的发展对策与思考

鉴于存在的问题，提出以下建议：

其一，开展防震减灾科普教育基地管理评价体系研究，其中包括：建立基地的“进入—退出”机制；规范化发展，建立基地申报的标准与规范化程序，如市级两年后可申报省级，之后三年可申报国家级；评价主体多元化，如游客受众、专家或同行，促进基地健康发展。可参照相关评估指标进行，自主申报与考察评估相结合。

其二，开展防震减灾科普教育基地的标准化建设研究，其中包括：解说员专业化、解说设施标准化、解说信息规范化；建设全国性的科普人员培训基地、研究中心，加强对全国基地特别是经济欠发达地区的基地的支持和指导，同时，通过培训工作，提高基地管理者、科普工作者的管理水平、科普服务能力；加强全国基地间的交流，资源共享；加强对全国基地的宣传，吸引更多的公众到基地参观学习；进一步发展和壮大全国基地队伍，满足更多公众不同层次、不同方面的需求。

其三，开展防震减灾科普教育基地的多样化发展研究，建立现代、开放、永续发展的基地发展体系，开展基地建设规划研究，开展与安全学校、社区建设联动。

以上提议，应当成为未来防震减灾科普教育基地工作重点研究的方向。

此外，防震减灾科普教育基地建设新模式的探索。从调研中总结出，经过十余年的发展，我国防震减灾科普教育基地已经有了规模，各地在建设过程中形成了一定的发展模式，初步形成了大、中、小配套格局，各地在建设过程中形成了各自的发展模式，但现在呈现的是一种自由发展，各显其能、缺乏梳理的状况。现在欠缺的是行业管理的系统化和规范化以及场馆的优化。如果把各个科普教育基地比作树上的果实，防震减灾科普教育基地体系就是果树。体系的根本是树干和树根。如果根不深，干不壮，果实就会长不好。基地建设和运维不可能存在单一的建设和管理模式，它已经是而且应该是多种模式并存。但是，多种模式应该在一个体系之下共同、有序地发展。作为体系的树根和树干，体系应该起到监管、调节、支撑等作用。所谓监管就是约束性的，就是有关的法规和政策，还有防震减灾科普教育基地的考评标准和原则。所谓调节就是非约束性和参照性的，如内容指导大纲。支撑就是提供咨询和技术支持，而新模式就是建立整个体系的模式，在体系内实现法规政策引领下的业务指导标准化、建设资金来源多样化、运维管理多元化、基地评价机制化、奖励整改经常化。用一个简单的公式表示，就是：

防震减灾科普教育基地体系新模式 = 资金多样化

+ 管理多元化 + 指导标准化 + 评价机制化 + 换牌经常化

根据以上结论，我们建议：

加强对全国科普教育基地的业务指导，尤其在科普内容方面，建议管理部门或以专业协会（如中国灾害防御协会或中国地震学会）的名义制定考评标准和原则，并制定一份内容指导大纲供各地科普教育基地建设和运维工作的参考。

如有可能，实现资源共享，以中国地震局社会服务项目为蓝本，集全国各科普教育基地之大成，建设权威性的网上防震减灾科普教育基地。

最后，应开展首都防灾减灾教育馆申请立项前期工作。首都北京作为特大型城市，人口密集，肩负国家功能众多，一旦发生地震灾害，社会秩序的井然有序在很大程度上需要市民的防灾意识达到足够水平。首都防震减灾工作至关重要，但民众防灾意识偏低，且缺乏与首都功能、世界城市相匹配的防震减灾类科技博物馆。同时，北京流动人口众多，首都辐射和带动作用巨大，而项目建成后则可以惠及全国乃至世界，实现中华防灾文化的对外输出。

附　录

防震减灾相关名词释义

1.“两个坚持，三个转变”

中共中央总书记、国家主席、中央军委主席习近平在唐山抗震救灾和新唐山建设40年之际，来到河北省唐山市，就实施“十三五”规划、促进经济社会发展、加强防灾减灾救灾能力建设进行调研考察。他强调，同自然灾害抗争是人类生存发展的永恒课题。要更加自觉地处理好人和自然的关系，正确处理防灾减灾救灾和经济社会发展的关系，不断从抵御各种自然灾害的实践中总结经验，落实责任、完善体系、整合资源、统筹力量，提高全民防灾抗灾意识，全面提高国家综合防灾减灾救灾能力。

习近平指出，我国是世界上自然灾害最为严重的国家之一，灾害种类多，分布地域广，发生频率高，造成损失重，这是一个基本国情。新中国成立以来特别是改革开放以来，我们不断探索，确立了以防为主、防抗救相结合的工作方针，国家综合防灾减灾救灾能力得到全面提升。要总结经验，进一步增强忧患意识、责任意识，坚持以防为主、防抗救相结合，坚持常态减灾和非常态救灾相统一，努力实现从注重灾后救助向注重灾前预防转变，从应对单一灾种向综合减灾转变，从减少灾害损失向减轻灾害风险转变，全面提升全社会抵御自然灾害的综合防范能力。

2.最大限度减轻地震灾害损失

2010年，全国地震局长暨党风廉政建设工作会议上提出：

（一）始终把最大限度减轻震灾害损失作为防震减灾工作的根本宗旨，全力推进防震减灾事业向更深层次、更宽领域、更高水平发展。必须牢固树立防震减灾根本宗旨意识，并贯穿始终，深刻把握防震减灾根本宗旨的时代背景，要把坚持全面预防观作为落实根本宗旨的基本要求，要坚持科学防灾、有效减灾。

（二）必须进一步加强防震减灾社会管理，并向更深层次推进，实现从内部管理向社会管理的跨越，努力实现多部门密切配合齐抓共管的局面，充分发挥市县地震部门的基础性作用。

（三）必须进一步强化防震减灾公共服务，并向更宽领域拓展，增强主动服务意识，健全服务体系，进一步挖掘潜能，丰富服务产品，创新服务方式，提高服务实效。

（四）必须进一步提升防震减灾基础能力，并向更高水平迈进，加强防震减灾基础设施建设，充分发挥地震科技的支撑作用，大力实施人才强业战略。

3. 科学防震减灾，依法防震减灾，合力防震减灾

2011 年，全国地震局长暨党风廉政建设工作会议上提出，做好“十二五”防震减灾工作，实现国发 18 号文件确定的 2015 年阶段目标，必须深入贯彻落实科学发展观，依靠科技，依靠法制，依靠全社会力量，坚持科学防震减灾，依法防震减灾，合力防震减灾，提高发展的全面性、协调性、可持续性。

4. “3+1”工作体系

2012 年， 全国地震局长暨党风廉政建设工作会议上指出，进一步完善“3+1”工作体系，促进防震减灾事业科学发展。在事业发展的新阶段，全局上下要适应经济社会发展的新要求，树立管理有限、服务无限、寓管理于服务之中的理念。紧紧围绕贯彻落实国务院关于加强防震减灾工作的意见，进一步完善“3+1”工作体系，全面提升社会管理能力和公共服务水平。进一步完善地震监测预报体系，要聚焦基础与效能，挖掘工作深度；进一步完善地震灾预防体系，要聚焦管理与服务，加大工作力度；进一步完善应急救援体系，要聚焦准备和处置，拓展工作广度；进一步完善科技创新体系，要聚焦支撑和引领，提升贡献率。

5. 防震减灾事业科学发展

2013 年，全国地震局长暨党风廉政建设工作会议上指出，十八大描绘了我国现代化建设的宏伟蓝图，确立了建设中国特色社会主义的总依据、总布局、总任务。地震部门全面贯彻落实十八大精神，就是要按照党中央的新要求，进一步推进防震减灾事业科学发展。准确把握新时期防震减灾事业发展的新要求，坚持防震减灾与经济社会相融合的发展方式，开拓防震减灾事业更加良好的发展局面。

6. 防震减灾事业深化改革

2014 年，全国地震局长暨党风廉政建设工作会议上指出，我们要以十八届三中全会和习近平总书记系列重要讲话精神为指导，深刻领会中央全面深化改革的要求，紧紧抓住“为了谁、依靠谁”这个根本性问题，充分运用改革开放“四个坚持”宝贵经验和教育实践活动重要成果，确保防震减灾事业改革发展方向正确、措施得力、步履稳健。

（一）要深刻领会中央精神，准确把握事业发展改革的总体要求，更加注重融入经济社会发展大局，更加注重强化社会资源的综合运用，更加注重发挥法制建设的保障作用，更加注重事业改革发展的顶层设计，更加注重激发基层实践的创新精神。

（二）遵循深化改革要求，科学确定事业发展改革的主要任务。深化防震减灾事业改革发展，要立足我国长期处于社会主义初级阶段的实际和多震灾的国情，深刻把握防震减灾事业发展的规律性特点，以提高全社会地震灾害综合防御能力、最大限度减轻地震灾害损失为出发点和落脚点，拓展公共服务，强化社会管理，形成更加稳定成熟的制度体系，推进防震减灾治理体系和治理能力现代化。融入中国特色社会主义伟大实践，全面推进全社会地震灾害综合防御能力建设。牢牢把握质量与效益相统一、引导与推动相结合、全面与重点相促进，拓展和优化公共服务。妥善处理政府与市场的关系、政府职能和社会功能的关系，创新和加强社会管理。形成完善的管理体制和工作机制，解决长期制约事业发展的系统性障碍。

（三）找准关键薄弱环节，着力抓好监测预报、震害防御、应急救援、科技创新、事业单位改革、干部队伍建设各个领域的改革。

（四）统一思想，汇聚力量，以饱满的热情积极推进改革发展。要转变观念和理念，要强化责任与担当，要提升能力和智慧，要严明纪律和作风。

7. 防震减灾事业改革发展的若干重大任务

2015 年，全国地震局长暨党风廉政建设工作会议上提出，十八大提出了全面建成小康社会的宏伟目标，十八届三中全会提出了全面深化改革的总目标和路线图，十八届四中全会明确了全面推进依法治国的总目标和重大任务。全局上下必须把思想和行动自觉统一到中央的决策部署上来，把中央系列决策精神作为一个整体来领会和贯彻，把防震减灾工作放到国家发展大局来谋划和推进。

（一）关于深化改革。一是做好改革顶层设计，二是深化体制机制改革，三是深化行业管理改革，四是深化事业单位改革。

（二）关于融合发展。推进今后一个时期的防震减灾事业发展，仍然要坚持促进融合发展，在观念上，在途径上，在措施上，在成效上。

（三）关于提升城乡抗震设防能力。第一，抓农村，要采取新举措；第二，抓城市，要开辟新领域；第三，抓工程，要贯彻新要求；第四，抓示范，要拓展覆盖面。

（四）关于提高大震巨灾应急应对能力。一要适应国家应急管理新机制，二要履行好抗震救灾指挥部办公室职责，三要提升地震应急救援适应能力，四要促进地震应急救援联动。

（五）关于加强科技创新驱动。一要以更宽视野认识地震科技创新，二要站在更高层面谋划地震科技创新，三要按照需求导向优化科技功能布局，四要以开放合作的思维促进科技创新，五要营造良好的科技创新环境。

（六）关于依法行政。政策法规是事业发展的灵魂，体现了软实力。随着防震减灾事业深入发展，越来越彰显政策法规保障的重要性，必须逐步健全与事业发展相适应的政策法规体系，从国家要求，从部门职能，从行业治理来，从事业需求，从工作措施。

（七）关于宣传工作。一要适应社会新形势，二要拓展宣传工作途径，三要创新宣传工作机制，四要强化社会舆情引导。

（八）关于地震预警系统和预报实验场建设。地震预警工程的实施要把握好以下几个方面：一要做好总体设计，二要把握关键环节，三要科学合理布局，四要完善法规标准，五要扩大对外协作，六要改进项目管理模式。

8. 震情第一

2007 年，全国地震局长暨党风廉政建设工作会议上提出，坚持“震情第一”是各级政府和社会公众对我们的迫切要求，是历史赋予我们的神圣使命，是地震部门义不容辞的职责。地震部门不抓震情，不研究震情，就失去了工作的重心，就很难发挥作用，这是大家多年来形成的共识，是勿庸置疑的。震情是开展防震减灾各项工作的重要依据，震情工作做好了，很多工作包括各级政府的工作，就可以围绕它来部署，这也是落实科学发展观的具体体现。因此，必须坚持“震情第一”。我要强调的是，震情观念不是狭义的震情，而是广义的震情。要树立“大震情”观念，从工作内容上来讲，要围绕震情开展工作，不仅是强化短临跟踪预报，也包括监测预报、震灾预防、应急救援和震后恢复各个方面的工作内容。从工作部署上来讲，震情是防震减灾工作布局和整体部署的重要依据，各级地震部门包括直属单位和广大干部职工都要关心了解震情，树立震情观念，围绕震情部署各项工作。从工作重点和阶段性上来讲，在抓好震前监测预报、震时应急救援的同时，要更多地重视综合防御、平时准备，还要参与做好震后恢复工作。我们要立足震情、围绕震情，以更开阔的视野和思路，统筹考虑部署各项工作。要用大形势研究的成果，指导重点危险区工作和地震预测长中短临各阶段工作，坚持观测、研究、预报实践相结合，提高地震预测预报水平。

9. 防震减灾社会管理

防震减灾社会管理是指通过制定与实施旨在提高地震安全的法律、法规、标准和配套制度，开展和规范相应的组织、协调、引导和控制等活动。中国地震局在“十二五”期间制定的《防震减灾社会管理与公共服务规划》强调，在“十二五”期间我国的防震减灾社会治理的主要工作包括以下七个方面：加强防震减灾法制建设，健全法制保障体系；编制防震减灾规划体系，发挥引领约束作用；建立防震减灾指标体系，落实政府目标责任；强化抗震设防行政监管，提高震灾抗御能力；完善地震监测预报管理，规范监测预报行为；落实地震应急救援准备，提升应对处置水平；做好基层防震减灾工作，构建社会防御基础。

10. 防震减灾公共服务

防震减灾公共服务是为了减轻地震灾害损失，满足社会发展及公众地震安全需求而提供各种信息、知识、手段和环境等活动。《防震减灾社会管理与公共服务规划》指出，要以增强公共服务意识、加强公共服务职能、丰富公共服务产品、扩大公共服务覆盖面、打造公共服务平台、提高公共服务效能为目的，努力建立惠及全民的公共服务体系。加强地震局的社会公共服务职能，有利于将防震减灾事业真正与社会、公众相联系，有利于推动防震减灾工作从行业自身服务向公共服务进步。

11. 三大战略要求

2004 年，国务院召开了全国防震减灾工作会议。这次会议适应全面建成小康社会的国家目标，提出防震减灾工作要落实“突出重点、全面防御，健全体系、强化管理，社会参与、共同抵御”的“三大战略要求”。会议确定了到 2020 年的我国防震减灾奋斗目标和主要任务，实现了我国防震减灾工作由局部的重点防御向有重点的全面防御的转变。

12. 抗震救灾精神

胡锦涛同志在抗震救灾工作会议上指出，全国各地区各部门和社会各界大力发扬“一方有难、八方支援”的精神，调集大批人力、物力、财力支援灾区抗震救灾，向灾区人民送温暖、献爱心，充分体现了万众一心、同舟共济的伟大民族精神。

2008 年 5 月 31 日，胡锦涛总书记在陕西省汉中市，看望慰问受灾群众和救灾人员时，专门来到金山寺村一个简易防震棚，看望正在老师辅导下复习功课的孩子们。胡锦涛鼓励孩子们：“在这次地震当中，同学们都表现得很勇敢，很坚强，从你们身上，我们看到了灾区的希望，祖国的未来！相信同学们在今后的学习、生活当中，一定会继续做到自强不息，奋发努力，向党、向祖国、向人民交出一份优异的答卷。”胡锦涛还拿起粉笔在小黑板上写下 16 个大字，“一方有难、八方支援、自力更生、艰苦奋斗”。根据胡总书记的讲话，提炼抗震救灾精神则是：自强不息、顽强拼搏，万众一心、同舟共济，自力更生、艰苦奋斗。

13.《国家防震减灾规划》

2006年，国务院办公厅印发了《国务院办公厅转发地震局关于全国地震重点监视防御区（2006—2020年）判定结果和加强防震减灾工作意见的通知》（国办发〔2006〕54号），颁布实施了我国首部《国家防震减灾规划（2006—2020年）》（国办发〔2006〕96号）。

同年，国务院召开全国农村防震保安工作会议，各省地震、建设部门的负责同志参加了会议，农村民居防震保安工作在全国铺开。

2007年，中国地震局、科技部等五部委联合召开全国地震科技大会，提出了地震科技发展目标，部署实施《国家地震科学技术发展纲要》（2007—2020年）。

14. 防震减灾科普宣传“六进”

防震减灾科普宣传“六进”，即防震减灾知识进机关、进学校、进企业、进社区、进农村、进家庭“六进”活动，旨在让广大群众对防震知识有新的认识，有效普及推广防震减灾科普知识和地震应急救援技能，全面提升全民防震减灾知识的普及率。

15. 重点监视防御区

1996年，丽江发生7.0级城市直下型地震，严重的地震灾害现实更加引起各级党委政府和社会各界对防震减灾的重视，加强震后趋势判定、开展重要建筑的地震安全鉴定工作被提上议事日程。随之，我国防震减灾工作方针调整为“预防为主，防御与救助相结合”。

同年，国务院批转了我国第一轮国家级地震重点监视防御区研判结果。

16. 年度地震危险区

地震危险区是指对一年尺度内，可能发生地震，应强化跟踪、力争做出震前有效预报的确定性地区。通俗的意义指地震发生可能性比较高的地区。

17. 地震动参数区划图

以地震参数（以加速度表示地震作用强弱程度）为指标，将全国划分为不同抗震设防要求区域的图件。

18. 校安工程

校安工程全称为全国中小学校舍安全工程。实施中小学校舍安全工程是党中央、国务院做出的一项重大决策。

2001 年以来，国务院统一部署实施了农村中小学危房改造、西部地区农村寄宿制学校建设和中西部农村初中校舍改造等工程，提高了农村校舍质量，农村中小学校面貌有很大改善。但一些地区中小学校舍有相当部分达不到抗震设防和其他防灾要求，C 级和 D 级危房仍较多存在；尤其是 20 世纪 90 年代以前和“普九”早期建设的校舍，问题更为突出；已经修缮改造的校舍仍有一部分不符合抗震设防等防灾标准和设计规范。

在全国范围实施校舍安全工程，全面改善中小学校舍安全状况，直接关系到广大师生的生命安全，关系到社会和谐稳定，关系到党和政府的形象。实施这项工程，是体现党和政府以人为本、执政为民理念的重大举措，是坚持教育优先发展、办人民满意教育的战略部署；是贯彻落实《中华人民共和国防震减灾法》、依法履行政府责任的具体行动。

19. 农村民居地震安全工程

2006 年，为及时总结交流经验，积极推进农村民居地震安全工程进展，国务院在新疆组织召开了全国农村民居防震保安工作会议。会后，国务院办公厅转发了地震局和建设部《关于实施农村民居地震安全工程的意见》，明确了实施农村民居地震安全工程的指导思想、工作目标和工作原则，确立了主要任务和保障措施，全面部署了农村民居地震安全工程的实施，农村民居地震安全工程在全国全面铺开。

此外，国务院在 2006 年印发的《国家防震减灾规划》中还将“建成农村民居地震安全示范区”作为防震减灾“十一五”阶段目标，并确立了主要任务。《国家防震减灾规划》的印发，明确了农村民居地震安全工程在防震减灾事业中的重要地位。

农村民居地震安全工程的主要任务是：制定农居工程建设规划；加强村镇建设规划和农村建房抗震管理；加强农村民居实用抗震技术研究开发；组织农村建筑工匠防震抗震技术培训；建立农村防震抗震技术服务网络；组织实施农村民居示范工程；加强农村防震减灾教育。

20. 中国数字地震观测网络

中国数字地震观测网络项目涉及全国 31 个省（市）自治区，部分周边国家以及中国科学院和教育部所属有关院所，建设内容、规模是我国有史以来最大的防震减灾工程。主要是围绕防震减灾工作的监测预报、震灾预防和紧急救援三大工作体系。总体建设目标为：实现地震监测预报的数字化网络化，包括数据采集、传输、分析、应用，全面提高监测预报水平；在大中城市开展地震活断层探测和地震危险性评估，为工程的抗震设防积累实测数据；建立完善的全国抗震救灾指挥体系，做到信息灵、决策准、指挥有序、救援响应快；利用本项目建设后获得的各类数据，实现跨地区、行业数据共享，为社会提供更多信息服务。

21. 流动数字地震台网

流动数字测震台网分为地震现场应急流动台网和科学探测台阵两部分。

地震现场应急流动台网：该台网主要用于大震前的前震观测和震后的余震监测。在大地震前作为地震的加密观测，进行高精度的地震定位，对可能发生大地震的区域地震活动背景做动态跟踪监测，为开展区域地震活动性研究和地震预测研究服务；在大地震后用于现场的余震监测，记录大地震后的余震活动变化，为判断地震的发展趋势提供依据，也为进一步研究震源特征、探索地震的发生和发展过程积累基础资料。

科学探测台阵：科学探测台阵可以根据不同科学目的，在研究区域内开展不同方式、不同规模的观测。对于密集台阵，其台站的间距可以达到千米级。高分辨率观测阵列的记录资料可以得到相应的高分辨率的研究结果。

利用这种高分辨率台阵的记录进行地震定位、震源机制、震源破裂过程和地震成像研究，并可以大大改善研究结果的精度，作为地球深部高分辨探测的重要手段。科学台阵不但用于地震科学研究，为地震科学研究提供高水平观测平台和基础数据服务平台，而且为地球科学研究提供了重要工具，在地球科学中具有非常广泛的应用。

22. 背景场探测项目

中国地震背景场探测项目是国家地震安全计划的一个组成部分，2008年底获国家发展改革委立项批复，由中国地震局承担实施的工程建设项目。该项目共包括观测台站、科学台阵、数据处理与加工系统三个部分。

该项目目标为在“十五”数字地震项目建设基础上，优化观测台网布局，填补空白监测区域，扩大海域试验观测，提升科学台阵探测能力和活动断层探测能力，建设专业数据处理与产品加工系统，建立数据质量保障系统，初步形成覆盖我国大陆及近海海域的地震活动图像、地球物理基本场、地下物性结构等地震背景场获取能力和数据产品加工能力，服务于地震预测预警、地球科学研究、国家大型工程和国防建设，为构筑我国地震安全提供支撑。

23. 防震减灾文化

防震减灾文化是社会主义先进文化的组成部分。社会主义先进文化要传承创新人类创造的一切优秀文化成果。防震减灾文化是人民群众在防震减灾探索实践中形成的物质和精神财富，也是防震减灾事业发展和地震部门加强自身能力建设、履行社会管理、公共服务职能过程中创建的特色文化，是社会主义先进文化的组成部分。防震减灾文化建设是构建和谐社会的必然要求，随着国家经济社会发展和工业化、信息化、城镇化进程加快，全社会对生命财产安全的重视程度越来越高，国家、人民和社会需要更高质量的地震安全服务。通过防震减灾文化建设为减轻地震灾害损失做贡献，是构建和谐社会的重要基础与时代要求，也是社会文明进步的体现。

24.《国家地震应急预案》

《国家地震应急预案》（简称为《预案》）于2012年8月28日修订。该《预案》分总则、组织体系、响应机制、监测报告、应急响应、指挥与协调、恢复重建、保障措施、对港澳台地震灾害应急、其他地震及火山事件应急、附则11部分。分别对应急救援的组织体系、响应机制、监测报告、应急响应、指挥与协调、灾后重建及保障措施等多方面进行了规定和说明。

25. 国务院抗震救灾指挥部

2013年5月，国务院办公厅发布《关于调整国务院抗震救灾指挥部组成人员的通知》，对国务院抗震救灾指挥部的组成单位和人员进行调整，国务院副总理汪洋任指挥长。国务院抗震救灾指挥部具体工作由地震局承担。

26. 防震减灾融合式发展

2013年全国地震局长暨党风廉政建设工作会议上提出，防震减灾作为生态文明建设的重要组成部分，必须融入经济社会发展。在实践中必须坚持防震减灾与经济社会相融合的发展方式。

27. 地震小区划

地震小区划是对某一特定区域范围内地震安全环境进行划分，预测这一范围内可能遭遇到的地震影响分布，包括设计地震动参数的分布和地震地质灾害的分布。

28. 地震安全示范社区

地震安全示范社区是指在开展防震减灾宣传教育、抗震设防、地震应急准备以及地震群测群防等方面工作较突出的社区或一定规模的小区。中国地震局在2008年制定了《地震安全示范社区管理暂行办法》。

29. 国家地震社会服务工程

国家地震社会服务工程是国家地震安全计划的第二个项目，其中包括震害防御服务系统、地震应急救援系统、地震预警示范系统等。该项目总投资为 3.55 亿元。项目法人代表是中国地震局地球物理研究所。

（本附录由张宏宇、刘英华、张丽芳、赵光提供）